宝宝最爱吃的268道

营养益智断奶餐

孙晶丹/主编

辽宁科学技术出版社
·沈阳·

前言
PREFACE

看着宝宝在自己怀中幸福地吃着母乳的时候，妈妈的心中一定充满了感动和幸福：那是怀胎十月与自己骨肉相连的孩子；是从此以后紧紧牵动着自己喜怒哀乐的宝贝……这份母子之间相互依恋的珍贵情感，是任何人无法复制和替代的。随着宝宝一天天地长大，他的身体需要更多的营养，相应地也就需要补充更多的营养，添加辅食以及断奶不得不提上议程。尽管妈妈心中会有深深地不舍，但这毕竟是宝宝成长的必经之路。因此，妈妈要做的，就是从宝宝早期的辅食以及后期断奶的饮食着手，借助精心制作、营养丰富的食物来填充心中的失落，让宝宝在妈妈精心的关爱下健康、聪明地成长。那么，什么食材、如何烹调才能制作出对宝宝成长最为有益的食物呢？

婴幼儿时期是人体快速生长的第一个高峰阶段，也是大脑发育以及免疫机制建立的关键期，在这个阶段，宝宝需要得到与其生长发育相适应的营养供给。而且随着宝宝的成长，他的活动量会逐渐增大，消化系统也日趋成熟，身体和大脑发育所需要的营养也在逐渐增加，妈妈应该根据宝宝的具体生长发育状况，给他添加适量的营养辅食，以均衡的营养满足并促进其生长发育。

新生的宝宝主要以睡眠为主，活动量较少，可以从母体中摄取较多营养素，所以，在早期的母乳喂养中，不需要另外补充其他食物。宝宝4个月后，母乳中的营养供给逐渐不能满足他生长发育的需要，例如：母乳中的铁含量。等到宝宝6个月时，他身体内所储存的铁质会逐渐消耗完，如果在这之前宝宝没有另外补充铁元素，就有可能会出现缺铁性贫血。因此，在宝宝4~6个月时，妈妈就要将添加辅食的任务提上宝宝喂养计划的日程中来。

辅食的添加是宝宝断奶的第一步，这个阶段即在宝宝4～6个月的时候就应该开始，主要是以糊状、泥状的食物为主。随着宝宝咀嚼能力逐渐增强，妈妈可以逐渐添加一些需要咀嚼的食物。这个阶段是宝宝从乳类食物过渡到饭食类饮食的桥梁，如果妈妈在这个阶段为宝宝打好基础，那么宝宝后期的断奶就会很轻松，会是一个自然而然的过程。

本书针对宝宝的身体和大脑发育的营养需求，给妈妈们提供了丰富的断奶知识，而且从宝宝的辅食添加到宝宝断奶结束，有一个完整的食谱推荐计划，让妈妈们在食材的选择以及制作方法等方面都有全面的借鉴，相信妈妈们可以轻松烹制出营养又美味的食物，让宝宝吃出健康、吃出智慧。

目录
CONTENTS

Part 4 断奶结束，1～3岁宝宝营养益智美食

断奶倒计时，好妈妈必知的断奶常识

宝宝已经在妈妈怀中吃了4个月的母乳，这个时候，妈妈要开始给宝宝添加母乳以外的食物，以补充宝宝身体所需的营养了。新手的妈妈到了这个时候常常会不知所措，由于没有经验，不知道如何给宝宝断奶，也不知道宝宝断奶的最佳时间……新妈妈们不要着急，我们来帮您为宝宝的健康成长出谋划策。

为宝宝选择最佳的断奶时期

随着宝宝的成长，母乳的营养和乳汁量已经逐渐满足不了宝宝生长发育的需要了，于是，断奶被逐渐提上日程。准备断奶时，很多妈妈都会考虑这样的问题：什么时间给宝宝断奶，什么季节最适合宝宝断奶?

什么时间断奶最合适

宝宝4～6个月时就要开始添加辅食了，以量少质稀为宜，到7～12个月时就可以考虑断奶了。过早断奶，宝宝的消化功能还未发育成熟，吃过多的辅食可能会引起消化不良，影响身体健康；过晚断奶，由于母乳中所含营养逐渐减少，容易导致宝宝营养不良，而且妈妈长期喂奶，也会引起睡眠不良、食欲减退，甚至会导致月经不调等问题。因此，宝宝断奶不宜过早也不宜过晚。不过，具体断奶月龄并没有硬性的规定，可以根据妈妈母乳多少、母乳加辅食混合喂养宝宝的发育综合情况等来决定。如果在哺乳期，妈妈患重病或再度怀孕，应立即给宝宝断奶。

什么季节断奶最合适

给宝宝断奶最好选择在春秋两季。因为这两季气候宜人，辅食材料丰富，宝宝也较容易接受辅食。而且此时逐渐减少哺乳次数转而增加辅食次数，到炎热的夏季或寒冷的冬季正好可以完全断奶。

如果按照妈妈的计划，给宝宝断奶的时间正好赶上夏季或冬季，妈妈最好再延长喂奶时间，将断奶日程再往后推迟一两个月。因为夏季天气炎热，宝宝的食欲很容易受到影响，再加上消化功能下降，出汗多，体力消耗大，食物又容易变质，抵抗力也较差，容易发生暑热、肠道传染、感冒发烧等病症；冬季天气寒冷，是呼吸道感染以及流行性疾病的高峰期，此时选择断奶，宝宝容易患上伤风感冒、急性咽喉炎等病症，而且还会增加父母夜间喂食的负担，影响父母和宝宝的睡眠质量。

另外，需要注意的是，如果宝宝正赶在春秋两季断奶时间里生病，妈妈也不宜给宝宝断奶，可以适当推迟几天，等宝宝恢复健康后再考虑断奶。

科学断奶五步走

断奶是一个循序渐进的过程，如果突然断奶，切断让宝宝确认母爱的途径，宝宝会耍情绪闹别扭，甚至还会影响身体健康。那么，如何科学断奶呢?

第一步：辅食添加

宝宝断奶从添加辅食开始。添加辅食可以让宝宝尝试不同口味，逐渐习惯母乳以外的食物。等到宝宝开始长牙，慢慢习惯用牙齿咀嚼食物，能较好地吞咽食物，并对这些食物无不良反应后，就可以过渡到第二步了。

第二步：逐渐减少母乳喂养次数

夜晚是宝宝恋乳情结表现最明显的时候，所以减少母乳喂养的次数最好先从白天开始。一般可以先减少一次母乳的喂养，过一段时间后，再以一周为一个周期。如果妈妈感觉乳房不太发胀，宝宝对辅食的消化和吸收状况也较好，可再减少一次母乳喂养，以此类推。

第三步：增加爸爸照料宝宝的时间

妈妈是宝宝最依赖的对象。减少母乳喂养次数后，可有意识地增加爸爸照料宝宝的时间，减少妈妈和宝宝相处的时间，给宝宝一个适应过程。

第四步：带宝宝做体检

完成前面三步后，妈妈需带宝宝到医院做一次全面的体检。因为生病、出牙，宝宝的食欲会变差，摄入营养的吸收率也会降低，不利于健康。所以，断奶前必须保证宝宝身体健康状况良好，否则最好推迟断奶时间，等宝宝恢复健康后再考虑断奶。

第五步：开始断奶，态度果断

前四步都完成后，就可以开始果断断奶了。此阶段，妈妈不可因宝宝一时哭闹，就下不了决心，从而拖延断奶时间。也不能因为宝宝的哭闹而心软妥协，断两天，再让他吃几天母乳。

温柔的生理断奶VS勇敢的心理断奶

我们常说的断奶是指让宝宝脱离母乳喂养，完全实现由母乳喂养转化为固体食物喂养。然而，这只是宝宝的生理断奶，其实，断奶还包括另一方面，即心理断奶。如果说生理断奶是为了宝宝身体健康成长，那么，心理断奶则是为了宝宝心理健康发展。因此，为了宝宝今后的健康成长，妈妈必须将生理断奶和心理断奶一起进行，那么，生理断奶和心理断奶具体要如何操作呢?

温柔的生理断奶

生理断奶是宝宝健康成长的一个必经阶段，这个过程对宝宝来说是一件残酷却又不得不面对的事情。然而，妈妈并不是没有办法降低这份伤害，如：可以从宝宝4～6个月起，就给宝宝添加辅食，并有计划地减少母乳喂养。这样不仅可以让宝宝更健康地成长，还可以为后期宝宝的断奶做好准备。具体的生理断奶包括以下两个方面：

1.从断奶步骤来说

断奶的步骤必须是一个循序渐进的过程。断奶准备期，妈妈主要是补充宝宝身体所需营养，让宝宝接触并适应辅食的喂养；断奶进行时，妈妈不仅要补充宝宝身体所需的营养，还要慢慢增加辅食的喂养量和喂养次数，并逐渐用辅食喂养代替母乳喂养；断奶结束后，妈妈要逐步引导宝宝爱上断奶餐，并适应断奶餐替代母乳的喂养方式。这个过程不是一个毫无准备且快速的过程，而应该是一个有准备且循序渐进的过程，让宝宝经历一个平缓的适应期，逐渐从母乳喂养过渡到固体食物喂养。

2.从断奶手段来说

母乳喂养，宝宝从中不仅能获取营养，还可以获得安全感和信任感。不给宝宝吃母乳很简单，然而，在不伤害宝宝心灵的基础上，断绝宝宝的母乳喂养才是主要的问题。给宝宝断奶，将宝宝心理、生理的伤害降到最低，这就是为什么要用温柔的手段断奶的原因。因为断奶会让宝宝焦躁、心慌，他会用不休的哭闹，甚至是生病的方式宣泄自己内心的不安。所以，在断奶时，爸爸妈妈一定要做好准备工作。同时，断奶时忌用母婴分离或在乳头上涂抹药水等方法，断奶对宝宝来说已经是一种心理上的伤害，如果再看不到妈妈或被妈妈的乳头所惊吓，对宝宝来说，更是一种痛上加痛的伤害。

勇敢的心理断奶

心理上的断奶是指一个人在心理上从依赖到可以完全独立的一个过程。当然，此时的宝宝并没有能力脱离爸爸妈妈的照顾，不过，从宝宝断奶开始，妈妈就要开始有意识地培养宝宝的独立能力，为宝宝将来的成长打下良好的心理基础。具体的心理断奶包括以下两个方面：

1.对宝宝来说

宝宝生理断奶后，再大一点就要上幼儿园了，一下从爸爸妈妈精心呵护的环境换到另一个一整天都见不到爸爸妈妈的环境中，对年幼的宝宝来说，是一个残酷、无法接受的事情。对此，妈妈给宝宝进行心理断奶就是为了让宝宝更独立、更大胆、更勇敢。心理断奶可以从宝宝出生时就开始有意识地进行，如：从宝宝刚出生起，就可以为他准备小床，既方便妈妈照顾，又有利于宝宝的身体健康发育，培养宝宝的独立性格；到宝宝3岁左右时，可以为宝宝准备单独的房间，锻炼宝宝的独立性，培养他大胆、勇敢的性格。

2.对父母来说

每一个宝宝都是爸爸妈妈的心头肉，很多父母认为给宝宝最好的物质条件，宝宝就能健康、快乐地成长。这个观点是不对的。父母不可能陪伴宝宝一生，培养宝宝良好的品质和性格，才是决定宝宝以后幸福的重要条件。心理断奶是宝宝独立、勇敢、自信、大胆等性格培养的第一步。因此，对父母来说，培养宝宝自己决定、处理问题的心态很重要。如：宝宝满1岁后，生理上已经具备自己进食的能力，然而，很多父母因为担心宝宝吃得太慢，或宝宝不够熟练而影响进食质量，于是擅自决定喂食，这样放不开的爱，行为上是关心，而实质上却是不利于宝宝成长的。

宝宝断奶，这些误区要注意

宝宝断奶甚至可以称为是宝宝与妈妈的第二次分离，无论对宝宝还是对妈妈都是残酷的事情。如何减少这个过程对彼此的伤害，让断奶过程更加舒心，在选择合适时间的基础上，还需要注意以下这些误区：

误区一：断奶前不做辅食添加准备

在断奶前，一定要有一段让宝宝适应其他食物的过程。有些妈妈在决定给宝宝断奶之前，没有提前为宝宝添加辅食，也没有做任何其他准备。这样贸然地给宝宝断奶，不仅会让宝宝对辅食产生抵触情绪，还会给宝宝的心理造成极大的伤害。宝宝甚至会认为，这是被妈妈抛弃的表现，会伤害宝宝的内心，加大宝宝进食断奶餐的难度。

误区二：往奶头上涂墨汁、辣椒水、万金油之类的刺激物

为了尽快断奶，有些妈妈会用墨水在乳头上涂上颜色，或者在乳头上擦万金油、贴膏药等刺激性大的药物，希望用这种方法让宝宝对母乳产生反感而拒绝吃奶。这种方法是不对的，看到妈妈乳房上恐怖的颜色、闻到难受的气味时，宝宝有可能会产生恐惧心理，不仅拒绝吃奶，还会拒绝其他食物，最后影响身体健康。

误区三：妈妈与宝宝隔离

有些妈妈为了断奶，采取母婴分离的方式，将宝宝交由他人喂养，以达到快速断奶的目的。这种断奶方法对宝宝而言，更是一种残忍的“酷刑”：不仅吃不到妈妈的母乳，连妈妈的人都看不到了，宝宝有可能会因为焦虑、烦躁、害怕而影响进食和睡眠，进而影响身心健康。

误区四：反复断奶

刚断奶时，宝宝会哭闹不休，有些妈妈因为心疼就让宝宝再吃几次，然后过段时间又进行断奶计划。这样反反复复进行断奶，会给宝宝带来不良情绪刺激，不利于宝宝的身心发展，有可能会为宝宝日后的心理健康留下隐患。

断奶期，好爸爸的必修课

进入断奶期，有些爸爸认为这只是宝宝和妻子所要面对的事情，自己帮不上什么忙。这种想法是不对的，宝宝断奶，爸爸也可以起到很重要的作用，帮助宝宝和妻子更好地度过断奶期。那么，爸爸具体可以做些什么呢？

1.多关心宝宝，减少宝宝对妈妈的依赖

在断奶之前，可以有意识地减少宝宝和妈妈相处的时间，增加爸爸照料宝宝、陪宝宝玩游戏的时间，让宝宝逐渐适应并接受和爸爸游戏、由爸爸喂食的生活方式。因为在结束母乳喂养的前期，宝宝会对妈妈格外依赖，这个时候，让爸爸有意地参与到照顾宝宝的活动中来非常重要。刚开始宝宝可能会不愿意，甚至可能会因为不满而哭闹，多尝试几次就会慢慢习惯。爸爸在照顾宝宝的时候，要让宝宝知道：爸爸也可以很好地照顾他。增强宝宝的信任感和安全感，这样也会减少宝宝对妈妈的依赖，让宝宝顺利地度过断奶期。

2.多关心妻子，帮助妻子调整心态

断奶期间，不仅宝宝要因为失去母乳喂养而产生焦虑心理，妈妈也会因为突然失去与宝宝“肌肤相亲”的亲密而感到失落，甚至会因为突然断奶导致内分泌失调，引起焦虑、易怒等情绪。此时，爸爸不仅要参与到照顾宝宝的活动中，还要加倍地关心妻子，帮助妻子调整断奶时的心态。有些妈妈在断奶时，会为了弥补心中的内疚情绪，而一味迁就宝宝的要求。此时，也需要爸爸的理智来帮助妈妈平衡情绪，例如：在宝宝因为无法吃到母乳而哭闹不休时，让爸爸来哄宝宝，不仅效果会更好，还可以避免妈妈因为内疚而产生对宝宝纵容的情绪。

培养宝宝科学饮食习惯从断奶餐开始

吃饭对于宝宝来说，不仅是补充所需营养的一个过程，还是培养他生活自理能力、养成良好生活习惯的一个过程。因此，从宝宝可以添加辅食起，父母就要开始注意，不仅要精心制作营养搭配合理的辅食，还要开始有意识地培养宝宝良好的饮食习惯。培养宝宝良好饮食习惯，从宝宝的第一餐辅食起，以下几点需要注意：

1.饮食规律

一日三餐是成人一直以来的习惯，在宝宝开始接触辅食时，就可以让宝宝按这个饮食规律来进食。例如：在宝宝添加辅食之初，就将喂养时间调整到一日三餐的正常饮食时间上来。宝宝最早添加的辅食时间最好先选择在午餐时间。等宝宝习惯每天一餐的辅食喂养后，再将宝宝下午的母乳喂养调整为辅食喂养。正餐之间，如果宝宝感觉饥饿，妈妈可以搭配母乳或水果泥喂养，这样可以让宝宝慢慢接受并习惯新食物，熟悉吃饭时间以及吃饭环境。

每一次喂食之前，妈妈要提前预告，如：提前10～15分钟，和宝宝一起整理游戏时的玩具，洗手后坐到餐桌前，做好进餐的准备。宝宝可能暂时不会理解这些行为，但这些饭前的行为举止会在潜移默化中影响他以后的行为习惯。

2.饮食环境

很多父母为了让宝宝多吃一些，就一味地迁就他的要求，如：边吃边玩玩具或看动画片等，这样宝宝很容易养成一些坏习惯。俗话说“食不言，寝不语”，安静的吃饭环境对于宝宝的身体健康有着重要的意义。如果长期满足宝宝的不合理要求，让宝宝边看电视边吃饭，或者边玩玩具边吃饭，宝宝吃饭的注意力就会被转移，在看得高兴或玩得兴奋时，有时还会拒绝进食，然后在正餐之外再补充其他零食，这样不仅会养成他饮食时间不规律的坏习惯，还会影响宝宝的身体发育。因此，在宝宝吃饭时，最好能保持一个安静的环境，让宝宝静下心来享用食物，培养餐桌上的小绅士或小淑女。

3.饮食调料注意

宝宝在出生6个月之后，肾脏发育才会趋于完善，因此，在这之前，给宝宝制作的辅食中，都不应添加任何调料，以免增加宝宝肾脏的负担。妈妈给6个月以上的宝宝制作辅食时，口味也不宜过重，每日用盐量不应超过1克，制作的辅食以加盐却尝不出咸味为宜。由于1岁以下宝宝的味觉都处于发育状态，在这个阶段，妈妈可以喂食一些果肉以刺激宝宝的味觉发育，但不能直接购买超市上出售的果饮，而应用应季的新鲜水果制作。在给宝宝喂食果汁时，妈妈一定要加水稀释。在制作食物或饮料时，注意不要过量添加糖、蜂蜜、奶油、番茄酱等甜食，以免宝宝养成偏食等习惯。

4.饮食地点

有些父母在喂食时，经常是端着饭碗跟在宝宝后面跑，不仅宝宝吃得不好，自己也累得要命。为了避免宝宝出现这种情况，在宝宝最初添加辅食时，就要培养他在固定地点吃饭的意识。妈妈可以给宝宝准备一个高一点的椅子，以安全、方便为原则，每次吃饭时，都让宝宝在自己的位置上吃饭。辅食初期，宝宝还不能自己吃饭，最好也能让宝宝坐在桌旁，由妈妈喂食。等宝宝慢慢熟悉在餐桌进食后，再到吃饭时间，他自己就会到自己的位置上坐好并进食。这样，不仅宝宝吃得舒服，妈妈也会轻松很多。

学做断奶餐，宝宝营养巧搭配

宝宝出生4～6个月后，母乳已经不能完全满足宝宝的生长发育所需，妈妈要开始添加辅食以满足宝宝生长发育所需的营养。因此，在制作辅食时，妈妈不仅要考虑如何制作才有益于宝宝消化和吸收，更要考虑制作怎样的辅食才能满足宝宝生长发育的需要。

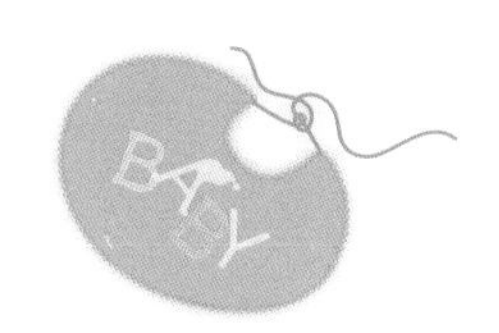

断奶准备期，补充营养，粥类为主食

宝宝出生4个月后，宝宝从母体中所携带的铁元素和维生素D已经开始逐渐减少，母乳也逐渐无法满足宝宝身体发育所需的营养。同时，4个月后母乳中的DHA含量也逐渐降低。因此，宝宝出生4个月后就要开始准备辅食，以补充宝宝身体所需的营养。这个阶段，宝宝辅食添加的原则以稀软、适宜宝宝消化和吸收的粥类为主。在食材的选择和搭配上，妈妈可以有针对性地选择一些含铁、维生素以及DHA丰富的食材，如：燕麦片、大米、蔬菜、蛋黄等食材，熬粥、打汁或做成泥状给宝宝食用，以补充宝宝成长发育所需的营养。

断奶进行时，补充营养，丰富菜食

宝宝7～12个月大时，辅食提供的热量要占宝宝饮食热量的一半。因为此时是宝宝成长发育的第一个高峰期，也是存储在体内的营养大量消耗的一个时期，因此充足的营养摄取对宝宝非常重要。针对这一时期的宝宝的营养需求状况，在食材的选择上，要比断奶初期更丰富。此时，补充宝宝身体所需营养和微量元素的肉类、鱼类、水果类、蔬菜类、谷类、薯类等食材大部分可以进入宝宝的食谱单中。在安排饮食时，除了可以准备一些粥类、泥类的食物，妈妈还可以准备一些易消化和易吸收的汤类和面食。有些宝宝已经有了2～4颗牙齿，妈妈还可以准备一些馒头片或饼干作为宝宝的零食，让宝宝磨磨牙，以促进牙齿发育。

断奶结束，补充营养，益智饮食

宝宝断奶结束后，如果每餐对断奶餐的摄取量都能达到一碗（婴儿碗）的量，并且没有出现任何异常情况，则说明宝宝已经顺利断奶了。这个阶段的宝宝可以在一天3餐断奶餐的基础上，再增加1～2次的零食喂养，如：牛奶、沙拉、糕点、稀释的果汁等。此时，断奶食材的选择范围更加广泛，鱼类、贝类等也可以进入了宝宝的食谱单。在确定宝宝对食材不会产生过敏的情况下，妈妈可以熬汤、制作鱼松等菜谱。如果宝宝对海鲜没有过敏反应，妈妈可以多准备一些鱼虾贝类等水产食物，其中以深海鱼为佳，以补充宝宝大脑发育所需的DHA，促进宝宝的大脑发育。

好妈妈须知

谷类、蔬菜类、蛋类、肉类、水产品类等每一种食材中都含有宝宝身体所需的营养，如：大米中的食物纤维、维生素，牛肉中的氨基酸、蛋白质、维生素以及钠、锌、锰等营养元素……宝宝的身体健康就是由这些营养各有侧重的食物共同供给的。因此，在制作断奶餐时，妈妈要经常调整宝宝食谱中的菜单，确保宝宝能够均衡的摄入营养，让宝宝越吃越健康、越吃越聪明。

制作断奶餐的必备工具

给宝宝制作辅食时，妈妈可以给厨房添加几样烹调用具。借助这些工具，制作断奶餐会更方便、更卫生，还可以减少妈妈制作断奶餐的时间，帮助妈妈轻松制作美味食物。

研磨棒

原木制造为宜，谷物类食材需要磨碎时使用。

研磨钵

专用的研磨钵内会有研磨脊，可以防止食物黏附，方便研磨各类食物。

摩擦器

细致有效地研磨食物，在制作细碎食物时，这个用具能减轻妈妈的很多麻烦，如：磨水果、土豆等。

汤勺、铁勺

可以用于研磨比较柔软的食材。在喂食宝宝糊状食物时，可选择狭长形的浅位设计调羹，方便喂食；在喂食汤水时，可选择扁圆曲线设计的调羹，锻炼宝宝用杯子喝水的能力。

粉磨机

打碎食材，使杏仁、核桃仁等材料，更方便制作。购买时，可选择小型的粉磨机，作为断奶餐的专用工具。

榨汁机

可以用来榨汁，如：榨黄瓜汁、胡萝卜汁等，只需在用完后过滤即可。

纱布

主要是用来过滤。在分离清汤时，可以把纱布放在漏勺上用来过滤。

切盘

使用过的切盘再次使用时可以套上新的塑料袋或保鲜膜。切水果、蔬菜、肉类、海鲜类的盘子应分开使用。

平底锅

可以用来煎蛋、煎饼等。给宝宝制作断奶餐的量较少，选择较小的平底锅会更合适。

好妈妈断奶经验谈

针对断奶时会出现的普遍问题，在这里几位已经帮助孩子成功断奶的妈妈与准备断奶的新妈妈们一起分享断奶经验，希望可以帮助其他新妈妈或准妈妈们更好地给宝宝断奶。

欣欣妈妈：宝宝4个月时，我就已经工作了，因为公司离家比较远，没办法回家喂奶，因此，宝宝对晚上的喂奶依恋情绪特别严重。请问有和我同样情况的妈妈吗，能不能给我一些断奶的建议。

小雨妈妈：

我的情况和你一样，心疼宝宝，又要工作，最后只能选择背奶（奶胀时挤出来，用保温袋、自制冰袋、奶瓶等储存，下班后再把母乳背回家喂宝宝）。在宝宝8个月时，就只在每天下班后回家以及晚上睡觉时才喂宝宝母乳。

去年10月份时，我们决定给宝宝断奶，之所以选择这个时间，是综合了好几个条件：首先，宝宝已经快1周岁了，已经可以接受完整的辅食喂养；其次，10月份正是天气比较凉爽的时候，适合宝宝断奶；最重要的是，因为十一国庆有七天假，我和他爸爸都在家，我们白天晚上都可以陪宝宝，不会让他因为不能吃母乳，爸爸妈妈又不在身边而感到不安、害怕。第一晚，宝宝爸爸和宝宝玩游戏到很晚，可能因为太累太兴奋了，到睡觉时也没像平时那样缠人，“象征性”地哭了几次，我抱着他在客厅转转，拍着背哄哄就睡着了。

就这样，我们整个假期就是在给他讲故事、唱歌，陪他玩中度过的。其间，每到晚上，宝宝都会闹一阵，但有爸爸妈妈陪他玩很快就又忘了。最后，假期结束了，我们也完成了断奶计划。所以我建议想要断奶的上班妈妈在考虑给宝宝断奶的时候，最好能选择在有爸爸妈妈可以陪宝宝的节假日里。不仅自己有时间陪他、哄他，最主要是自己有这个精力来陪他，照顾他。

果果妈妈：宝宝已经5个月了，这之前一直是纯母乳喂养，我很享受他在我怀里吃奶的感觉。断奶不仅对他是一个考验，对我也同样是，可是因为纯母乳喂养会导致宝宝营养不良，所以又不得不慢慢减少纯母乳喂养，到最后，还要结束母乳喂养。我想问问，各位成功断奶的妈妈是怎样面对断奶这件事情的呢？

石头妈妈：

就像有人说的那样，断奶就是宝宝和妈妈的第二次分离，我想所有经过母乳喂养的妈妈在给宝宝断奶时都会有这样的心情。可是，在考虑到工作、宝宝健康成长的问题时，妈妈即使再揪心也必须要进行。当妈妈的只有调整好自己的心态才能有精力来降低这个举动对宝宝的伤害。

我也是从第五个月开始给宝宝添加辅食的，不过我是到了宝宝1岁左右才给他断奶的，当时也是很不舍，特别是第一晚宝宝半夜醒来一定要吃奶，哭得肝肠寸断的时候，真是忍不住要喂，可是想到反复断奶会给宝宝造成更大的伤害，甚至有可能会让他今后的心理产生阴影，就硬生生地忍住了。第一晚是我和宝宝两个人抱着一起哭，最后还是宝宝先擦眼泪安慰我呢。那晚之后，我调整好心态，每天给宝宝讲故事、玩游戏，和他一起跳舞、外出踏青……

我家宝宝可能明白断奶并不是爸爸妈妈不喜欢他，再就是他那个时候已经能够听懂大人的意思，在他爸爸一直灌输的“男孩长大了就不能一直吃奶，要保护妈妈”的想法下，也就真的断奶了。现在想想，还是会有不舍，但有什么比得上他健康成长更让我开心的呢，所以想想也就释然了。

小米妈妈：宝宝已经8个月了，我之前也是打算在国庆时给宝宝断奶，那个时候宝宝1岁2个月，他爸爸放假了也可以帮帮忙。可是宝宝特别恋奶，以前他生病时，我们总是迁就他，要奶就喂，所以他现在有事没事就要吃，晚上还要我抱着才肯睡觉，还一定要吃着睡。晚上一旦看不见我，他可以哭到声嘶力竭，所以我也不敢躲出去断奶，担心宝宝会生病。希望哪位有相同经历的妈妈能指点一下，像我这种情况断奶时要怎么做？

磊磊妈妈：

我家宝宝也是恋奶的孩子，不吃奶就不睡觉，当时有人给我建议说这种情况要早早断奶，越晚越难，我没有听。我家宝宝6个月大时，我就开始熬一些米汤、粥类等食物给他吃，刚开始每天只中午喂他吃辅食，他也哭闹着拒绝，不过我坚持哄着喂，慢慢地他也习惯了。过了大约1个半月后，我就增加了一次下午的辅食喂养，这一次的喂食很顺利。

在9个月时，我家宝宝断奶餐的饮食量增加了一半。在吃断奶餐之间，我也给宝宝准备了很多零食，比如：水果、面包、小馒头等食物。宝宝12个月时，就只在晚上吃奶了，白天就是全辅食喂养，他闹情绪时也会哭闹着要吃奶，特别是生病时。一般这个时候，我都会和他商量，让他来确定要吃的辅食是什么，有时还会把他带到厨房看他的食物是怎么做的，他很喜欢参与到这个过程中，每次他闹时我这样一哄就好了。

因为我是全职妈妈，所以没想要选择假期再给宝宝断奶，就在去年10月底时给宝宝断奶了，那时宝宝1岁5个月。断奶时他也哭闹，每次闹时，他爸爸都会抱着他去客厅哄，等他哭一阵后我再抱着哄哄，他知道吃奶无望就要求摸摸，几天之后，就断奶了。对于特别恋奶的宝宝，我的建议就是：千万不要听其他人建议，说越早断奶越容易，一定要坚持到宝宝1岁以后；其次就是，断奶前一定要打好基础，比如：添加辅食、准备适合宝宝吃的零食、让爸爸多跟宝宝互动等。这样，宝宝在半夜肚子饿时，可以马上有食物帮忙哄哄；闹得厉害时，爸爸可以带出去避避，以免妈妈因为心软，断奶计划就搁浅了。

断奶准备期，科学添加营养辅食

断奶准备期是指宝宝要从只吃母乳的阶段，逐渐开始接触母乳之外的食物的一段时间。这不仅可以满足宝宝成长过程中对营养需求的增加，也可以培养宝宝良好饮食习惯。断奶准备期主要是从宝宝出生后4～6个月开始，这个阶段，由于宝宝身体发育对营养的需要增加，肠胃消化系统日趋成熟以及活动量的增加，单纯的母乳喂养已不能完全满足宝宝的需要。因此，在母乳喂养的同时，也要开始准备辅食，为宝宝补充一些除母乳之外的食物。

宝宝的生理变化

宝宝在出生后的半年内生长发育非常迅速，当宝宝正常发育到4～6个月大时，他所需的热量以及营养素也在增加。作为妈妈应了解宝宝的生理变化，及时给宝宝添加营养辅食，满足宝宝对能量以及维生素C、钙、铁、锌等营养素的需求。

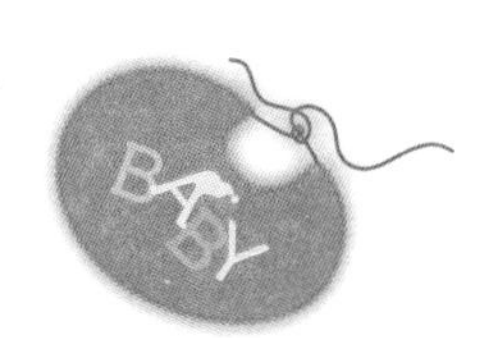

身体发育

4～6个月的宝宝生长发育速度很快，每周体重平均增加100～200克，到5个月时的体重已经是出生时的2倍左右；身高平均可以增长2厘米左右，生长速度仅次于最初的3个月。如果此阶段满足不了宝宝身体发育的营养需求，极可能引起宝宝营养不良或营养缺乏症。

牙齿发育

从出生后第4个月开始，有些宝宝已经开始长牙了，但也有的宝宝还没有长牙。通常宝宝开始长牙的时间差异很大，正常范围是4～10个月。

味觉发育

从4个月开始，宝宝进入了学习咀嚼及味觉发育的敏感期。一般情况下，宝宝五六个月大时开始对食物表现出很大的兴趣，此时添加辅食，宝宝乐意接受，也很容易学会咀嚼吞咽。

消化功能发育

4个月大的宝宝，宝宝的唾液腺已经发育良好，唾液分泌逐渐增多，唾液淀粉酶的活性也逐渐增强，已开始能消化淀粉类的食物了，消化系统中的分解霉素也能够消化不同种类的食物了。给宝宝添加适量的辅食，还可以锻炼宝宝的消化功能，训练宝宝的咀嚼和吞咽能力。

肢体运动发育

宝宝4个月后，白天的睡眠时间明显减少，只要吃饱奶，身体就一刻不停地要求活动。宝宝的身体有了协调能力，动作呈对称性，可以用前臂支撑起胸部，并且能在成人的帮助下从仰卧转向俯卧，可以用单手抓玩具玩。到了6个月时，宝宝已经能自由翻身，在大人的帮助下喜欢跳跃，并反复重复同一动作。

妈妈、宝宝心理调整

宝宝除吮吸母乳之外开始进食辅食，是成长发育的必然规律。虽然妈妈都很喜欢哺乳时与宝宝“肌肤相亲”的那种亲密感觉，但是妈妈必须明白：宝宝终将要脱离母乳。为了宝宝的健康成长，妈妈应该摆正心态，耐心、细心地给宝宝做好添加辅食的准备，才能帮助宝宝调整好心态逐步接受辅食。

给宝宝添加辅食，一方面，妈妈会因宝宝可以尝试自己亲手制作的食物而欣喜不已。另一方面，妈妈会因为逐渐减少哺乳时与宝宝亲昵的沟通方式而产生些许的失落感。此时，建议妈妈在宝宝到了辅食添加的阶段，就开始有意识地按月龄及时科学地给宝宝亲手制作辅食，把哺乳时的那份爱心转移到制作辅食上。这样不仅能弥补妈妈心中的失落感，还可以为宝宝将来的完全断奶做好准备，一举两得。

在刚接触新的食物时，宝宝可能会因其好奇心而顺利接受，但也肯定会出现不愉快甚至抵触的情绪。如果盲目采取强喂的方式，让宝宝接受辅食，不仅对宝宝的身体发育会不利，而且还会对宝宝的心理发育产生不良的影响。对此，妈妈需要给宝宝一段时间来适应，时间的长短根据宝宝的具体情况而定。在这个过程中，宝宝可能会患“疑心病”，只吃母乳，对其他食物没有任何兴趣，这种表现很正常。面对这种情况，妈妈要有耐心，不要心急，更不要强迫宝宝吃。

当宝宝顺利接受辅食时，妈妈要记得表扬宝宝，表示出自己的喜悦之情，并先制作宝宝感兴趣的食物，逐渐将宝宝的注意力从母乳转移到各种丰富的辅食上。时间长了，宝宝会觉得很自然，也能明白除了母乳外还有很多好吃的东西，妈妈看到宝宝开心地吃着自己亲手制作的食物也会感到很欣慰、很满足。

添加辅食的正确方法

新妈妈常常有这样的烦恼：当宝宝到了添加辅食的阶段，却不知道如何给宝宝添加辅食，生怕给宝宝吃错食物。的确如此，由于宝宝的肠胃系统尚未发育完善，因此在添加辅食时需要特别慎重，可以遵循以下的添加方法。

吃母乳的宝宝，在出生3～4个月后可先喂食一些蔬菜汁、果汁，让宝宝尝尝鲜，果汁需要和水按1:1的比例调稀。

4～6个月的宝宝已经开始长牙了，能够开始消化一些泥糊状的食物，可以先添加米糊或奶糊、菜水、稀释的果汁，补充含铁高的食物，如：蛋黄泥；从第6个月开始，可以添加菜泥、烂粥、土豆泥、水果泥（如：苹果泥、香蕉泥）、鱼肝油等。

7～9个月的宝宝，可以添加烂粥（如：青菜粥、米粥）、烂面、鱼泥、肝泥、肉糜、豆腐、水果泥（如：苹果泥、香蕉泥）、鸡蛋羹、碎菜和鱼肝油等。此外，也可以喂烤面包片、饼干或馒头片，锻炼宝宝的咀嚼能力，帮助牙齿的生长发育。

11～12个月的宝宝，可以为其丰富食物种类，能添加烂饭、馒头、饼干以及肉末、碎菜和水果等。还可以适量增加宝宝的食量，每日喂食2～3次辅食，代替1～2次母乳，为断奶做好准备。

1岁以后的宝宝，已经可以食用质地较软、块状较小的食物，如：软米饭、馄饨、包子、碎菜、水果、蛋、豆腐、肉末等。这个阶段，宝宝可以用勺子吃饭，喜欢用手抓食物。此时，妈妈应鼓励宝宝自己吃饭，并为宝宝准备一些饼干、糕点等零食让宝宝自己抓食，锻炼宝宝手指的灵活性。

添加辅食的注意事项

根据生长发育规律，4～6个月宝宝的身体各个器官尚未发育成熟，消化功能也较弱，如果辅食添加不合适，会影响宝宝的身体发育以及健康。所以在添加辅食的过程中，妈妈一定要注意以下这六项事项：

1.添加的量由少到多

由于宝宝的消化系统尚未发育完全，食量也较小，因此，最初开始添辅食时，要注意添加的量不宜过多。喂食时，妈妈可以先少给一点试喂，如果宝宝消化吸收好，可以逐渐增加喂食量，如：添加蛋黄，先从1/4蛋黄加起，宝宝接受后，1/4的量保持几天后再加到1/3，然后逐步加到1/2、3/4，最后为整个蛋黄。如果宝宝不爱吃某种食物，先不要勉强，过段时间再试着喂食。

2.食物由一种到多种

刚给宝宝添加辅食的时候，最重要的原则是一次喂食一种新食物，并给予少量让宝宝试吃，然后再观察宝宝的接受程度以及反应程度，确认接受并无不良反应后再添加新的食物。如：添加米糊，就不能同时增加蛋黄，要等宝宝适应米糊后再开始添加蛋黄，接着等宝宝适应这两种食物后，才能继续添加新的食物。

3.食物由稀到稠

辅食添加初期，应该给宝宝制作一些容易消化且水分较多的汤类、流质食物，然后逐渐从半流质食物过渡到各种泥状类食物，最后添加柔软的固体食物。在这个过程中，妈妈要有耐心，并要细心地给宝宝制作辅食，注意不要认为已经有牙齿的宝宝可以同成人吃同样的食物，从而不另外给宝宝制作辅食。

4.食物由细到粗

给小一些的宝宝添加固体食物时，妈妈可以先将食物捣烂，做成稀泥或糊状。宝宝大一些的时候，习惯一些泥糊状食物之后，妈妈可以将食物做成糜状或碎末状，然后再根据宝宝的发育或进食情况做成块状的食物，锻炼宝宝的咀嚼和吞咽能力。

5.注意喂食方式

喂宝宝吃辅食时，妈妈可以将食物盛装于宝宝专用碗或杯内，以汤匙喂食宝宝，帮助宝宝逐渐适应成人的饮食方式，如：将牛奶和辅食混合制作时，尽量以汤匙喂食宝宝，避免以奶瓶喂食。此外，妈妈要定食定量给宝宝喂食，时间可在喂奶前或喂奶后。如果宝宝患病或夏天食欲不好时，可以适当增加母乳喂养次数，且不宜更换辅食种类。

6.观察宝宝的反应

增加辅食量或更换食物种类时，应连续喂食几天，并注意宝宝的身体反应，确定宝宝一切正常，如：没有出现腹泻、呕吐、出疹子等症状后，就可以继续喂食。如果宝宝出现消化不良、皮肤过敏等症状，应立即停止喂食。

聪明妈妈的小花招

宝宝的小问题：洋葱、胡萝卜、卷心菜等有特殊气味的蔬菜，有些宝宝不爱吃，甚至不愿接受。

妙招：妈妈可以在煮这些蔬菜时加点水，冲淡特殊气味。如果宝宝确实不喜欢吃，妈妈一定不要勉强他，可以选择营养相似的其他蔬菜替代。

宝宝的小问题：宝宝对吃土豆有反感，甚至会作呕。

妙招：土豆的营养丰富，是宝宝辅食添加的好食材。在给宝宝制作土豆辅食时，妈妈可以把土豆去皮，蒸熟，捣成泥，然后加入适量奶调稀。在喂食方面妈妈要有耐心：开始只喂1～2勺，待宝宝适应后，再逐渐加量。

辅食食材巧选择

妈妈都希望能够给宝宝一个健康安全的饮食环境，都希望亲手为宝宝制作食品。需要注意的是，在准备食材时，也要注意应尽量选择新鲜的，不含任何有害添加剂的食材。

谷类

谷类食物可以补充宝宝生长发育所需的优质蛋白质、脂肪等营养，还可以锻炼宝宝的咀嚼和吞咽能力，促进消化酶的分泌。对宝宝来说，这些食物是他的主食，是所需能量的主要来源。妈妈可以用这些谷类食物熬制成米汤、米糊、营养米粉、烂粥等，不仅营养丰富，也易于消化。

大米　大米所含营养较为均衡，具有较高的营养价值，是补充宝宝身体所需营养素的基础食物。大米中的蛋白质主要是米精蛋白，氨基酸的组成比较完整，宝宝容易消化吸收。大米可以熬煮为烂粥，具有补脾、和胃、清肺功效。

小米　小米粒小，色淡黄或深黄，质地较硬，含有蛋白质、胡萝卜素、维生素B_1、钙、磷、铁、镁、锌等多种营养素，有益气健胃的功效。

蔬菜类

蔬菜含有丰富的维生素，它是宝宝生长发育不可缺的营养素之一。给宝宝制作辅食，选择新鲜、颜色深的蔬菜洗净（如：菠菜、番茄、青菜等），剁碎倒入沸水锅中煮10分钟左右，取出用干净纱布过滤，去渣成菜泥；土豆、南瓜或胡萝卜等蔬菜，煮熟后刮泥或挤压成泥。

番茄　番茄被称为神奇的菜中之果，营养价值极高，所含的番茄素有抑制细菌的作用；所含的苹果酸、柠檬酸和糖类，有助消化的功能。此外，番茄还富含维生素A、维生素C、维生素B_1、维生素B_2以及胡萝卜素和钙、磷、钾、铁、锌等多种元素。给宝宝制作辅食时，最好将番茄去皮。

胡萝卜　胡萝卜营养价值丰富，含有丰富的胡萝卜素、维生素及微量元素等，有“平民人参”的美称。胡萝卜有益肝明目、增强免疫力的功效。胡萝卜有股特殊的味道，宝宝刚开始可能会不习惯，可以试着变化不同的制作方法。

水果类

水果都有淡淡的香味，宝宝大多易接受。水果的种类繁多，宝宝可以常吃的水果有苹果、香蕉、鲜橙、梨等。给宝宝吃水果，都应洗干净，榨汁兑水1:1稀释，或用勺刮成泥。宝宝每天吃水果的次数不宜超过2次，一般建议在上午10点左右和下午4点左右食用。一次不宜喂太多，以免引起宝宝消化不良。

苹果　苹果含有天然的香气，可以增进宝宝的食欲。苹果的营养价值很高，含有丰富的维生素、碳水化合物及锌等多种微量元素，尤以维生素A和胡萝卜素含量较高。

香蕉　香蕉味香，营养丰富，含有碳水化合物、蛋白质、脂肪以及多种矿物质和维生素。其中富含的维生素A能促进生长，增强抵抗力；核黄素能促进宝宝正常生长和发育。

肉类

宝宝6个月左右时，出生时贮存在体内的铁元素开始慢慢减少，为了补充足够的铁元素一定要食用肉类，主要以瘦肉为主。由于宝宝的咀嚼能力还比较弱，消化功能不强，可以让宝宝食用汤汁，也可以将瘦肉制成肉泥或肉糜调入粥内，在制作时，要注意去油、去筋。

猪肉　猪肉的纤维较为细软，结缔组织较少，肌肉组织中含有较多的肌间脂肪，经过烹调后肉味会特别鲜美。猪肉营养丰富，能为宝宝提供优质蛋白质和必需的脂肪酸。猪肉中还含有血红素和半胱氨酸，可促进铁的吸收，预防宝宝出现缺铁性贫血。

鸡肉　鸡肉的肉质细嫩，味道鲜美，适合多种烹调方法，并富含多种营养，如：蛋白质、磷脂类等，易被人体所吸收，有滋补养身、促进生长发育的作用。

鱼类

应选用新鲜的白鱼肉。鱼味鲜美，细嫩松软，营养丰富，宝宝容易消化吸收，能给宝宝补充蛋白质、铁、各种维生素以及各种矿物质，有助于宝宝生长发育。选择鱼肉多、刺少，便于加工的鱼入锅蒸熟或煮熟，去干净骨刺，研成泥，可放入米粥中调制给宝宝食用。

添加辅食的误区

辅食添加对宝宝健康成长很重要，对此妈妈也是小心翼翼的，担心宝宝营养不良。因此，在给宝宝添加辅食时，妈妈应该预防陷入这些误区，保证宝宝健康成长。

误区一：添加辅食后，就可以断掉母乳

不少妈妈给宝宝添加辅食后，就立即减少母乳喂养次数，再加上要上班，于是选择彻底断奶，直接把辅食转为正餐，这是不利于宝宝成长的。因为这个阶段的宝宝消化系统尚未发育成熟，肠胃很难完全消化并吸收这些辅食的营养成分，甚至会出现腹泻、消化不良等症状，时间久了可能导致营养不良，身体素质也会比同龄的宝宝差。

误区二：宝宝往外顶食物就是不爱吃

喂辅食时，很多宝宝会用舌头将食物顶出来，妈妈不要因此判断这是宝宝不爱吃的表现。宝宝往外顶食物可能有很多原因，要具体情况具体分析：可能是宝宝当时不饿，或辅食口味不对，或当时身体情况不佳，还有可能是宝宝还没做好吃辅食的准备，需要妈妈过一段时间再给宝宝喂食。

另外，宝宝对陌生的食物通常不会马上接受，因为他对陌生的食物没有“安全感”。所以，妈妈要给宝宝一个熟悉的过程。

误区三：无规律给宝宝添加辅食

宝宝睡醒妈妈就喂宝宝吃东西；不到宝宝吃饭的时间就给宝宝吃东西，这些无规律进食将无法让宝宝的肠胃道形成有规律的饱与饥的运作节奏，会影响宝宝的消化和吸收，不利于宝宝的生长发育。

误区四：过早给宝宝的辅食加盐和调味品

宝宝出生后吃的是母乳，对甜味和咸味都没有很大的概念，如果太早就喂食添加调味料的食物，不仅容易养成宝宝偏食的习惯，还有可能会因为摄盐过多，增加肠胃以及肾功能的负担，或因为吃甜食过多，使肠胃功能下降，继而引发食欲不振等情况。

让宝宝爱上营养辅食的小秘诀

对于宝宝来说，辅食是一个新的东西，他不会有特殊的偏好。因此，妈妈可以运用一些小秘诀，帮助宝宝顺利爱上辅食，让宝宝吃得香。

秘诀一：宝宝学咀嚼吞咽，不宜喂太多或太快

初次喂宝宝食物时，有些宝宝因为不习惯咀嚼，会用舌头往外推，这个时候，妈妈可以给宝宝示范如何咀嚼食物并吞下去，耐心并放慢速度多试几次，让宝宝观察并鼓励他模仿学习。根据宝宝的这个生理状况，妈妈喂食的速度不要太快，喂食量也不宜过多。喂完食物后，让宝宝休息一下，不宜进行剧烈的运动。

秘诀二：品尝各种新口味

如果宝宝常常吃同一种食物，也会倒胃口，只有富于变化的饮食才能刺激宝宝的食欲。在宝宝原本喜欢的食物中，加入新材料，分量和种类由少到多，找出更多宝宝喜欢吃的食物。宝宝不喜欢某种食物，可减少供应量和次数，并在制作方式上多换花样，或寻找与其营养成分相似且宝宝喜欢的食物替代，逐渐让宝宝接受并养成不挑食的好习惯。

秘诀三：保持愉快的用餐情绪

保持愉快的情绪进餐可以增加宝宝的食欲，还可以增强宝宝对食物的兴趣，因此，不要强迫宝宝进食。经常强迫宝宝吃东西，不仅会影响宝宝的肠胃消化系统，还会让他认为吃饭是件讨厌的事情，对进食产生逆反心理。

秘诀四：隔一段时间再尝试

对于宝宝讨厌、坚决不吃的食物，妈妈可暂时停止。如果只是暂时性的不喜欢，可尝试隔一段时间再让宝宝吃吃看。强迫让宝宝吃，有可能会让他对这种食物产生永久性的厌恶，以后就更不容易接受了。

宝宝拒吃辅食的应对方法

许多妈妈会发现宝宝吃辅食时，总是惦记着吃母乳，吐出来的辅食可能比吃进去的还要多。在断奶准备期，由于宝宝还在吃母乳，对于母乳之外的食物会比较陌生、不习惯，极易出现拒吃辅食的现象。为了不影响宝宝的生长发育，下文将给妈妈支招，帮助妈妈轻松解除宝宝拒吃辅食的烦恼。

应对方法一：辅食和母乳交叉喂食

刚开始接触辅食时，宝宝会很不习惯辅食的味道，甚至拒绝吃辅食，这是因为他还不熟悉新食物的味道，并不表示他不喜欢。妈妈可以在宝宝吃母乳前加喂辅食，此时宝宝有饥饿感，胃口较好，较容易接受辅食。当宝宝不再抗拒辅食时，妈妈就可以根据宝宝的具体情况，母乳和辅食交叉喂养。

应对方法二：制作有奶香的辅食

乳香对宝宝有着特殊的吸引力。对于拒吃辅食的宝宝，父母要保持积极的态度，接受宝宝对母乳依恋的情感，并根据宝宝这一特点，利用母乳烹制辅食，用熟悉的味道引起宝宝对辅食的兴趣。这种方法，不用父母强塞硬喂，宝宝也能逐渐接受辅食。

应对方法三：爸爸给宝宝喂辅食

如果宝宝总是想着吃母乳，妈妈可以有意识地减少喂食宝宝母乳的次数和时间，让爸爸参与到宝宝辅食添加中来，转移宝宝对母乳的注意。还可以制作一些精美的辅食让宝宝尝尝鲜，慢慢引起宝宝对辅食的兴趣，帮助宝宝适应母乳以外的食物。

宝宝断奶之辅食添加问与答

问1：宝宝喝奶没规律，怎样确定辅食添加时间呢？

答：断奶准备期，添加辅食可以给宝宝提供练习吃东西的机会，让宝宝适应除母乳以外的食物，并不只是为了给宝宝提供营养。而此时，母乳是宝宝生长发育所需营养的主要来源。因此，断奶准备期，先在每日上午10点左右给宝宝添加1次辅食，但不改变喂奶时间。

问2：母乳是宝宝最好的食物，还有必要添加辅食吗？

答：母乳可以满足4个月以内的宝宝所需的所有营养素，但5～6个月时，由于母乳所含铁、钙及维生素等营养元素供应量明显不足，宝宝在母体中携带的营养元素也慢慢消耗殆尽，此时，如果不添加其他食物，宝宝就会出现营养不良等症状。因此，宝宝4～6个月时，妈妈就要开始给宝宝添加辅食，以补充母乳中供应不足的营养元素。

问3：添加辅食后，宝宝怎么瘦了呢？

答：婴幼儿生长发育较快，所需的营养元素较多，添加辅食后，体重不增反而减轻了，则说明宝宝营养不足。这个阶段的宝宝的营养来源主要还是母乳，应在保证宝宝每天的母乳食用量之外，再给宝宝准备一些含蛋白质、维生素等营养元素的辅食，以保证宝宝吸收均衡的营养。

问4：6个月大的宝宝可以吃肉泥吗，猪肉、牛肉、羊肉也都可以吗？

答：宝宝6个月以后，可以吃各种鱼肉、猪肉、鸡肉，或者牛羊肉。需要注意的是，由于宝宝牙刚长出来，食物一定要做成泥状或者肉糜状，特别是牛肉，它的纤维很粗，不利于宝宝消化吸收。在给宝宝选择肉类食材时，以鸡肉、猪肉、牛肉顺序逐渐添加为宜，如果要添加水产类食物，就要注意宝宝是否对鱼肉等水产品过敏。

问5：添加辅食后，宝宝腹泻了怎么办？

答：开始添加蔬菜类辅食时，宝宝特别容易出现拉肚子的症状。出现这样问题的宝宝，父母可以停1～2周时间再添加辅食。如果腹泻情况严重，要及时给宝宝补充水分，再到医院进行检查。

问6：如果宝宝不喜欢某种食物，是不是就不给他吃了？

答：还是要给宝宝吃。如果只要是宝宝不吃的食物，就不给宝宝吃，久而久之会让宝宝养成偏食、挑食等不好的习惯。宝宝接受一种新食物往往要尝试10次以上，妈妈要有耐心。在制作时，还可以尝试着变化食物的搭配以及制作方法，以引起宝宝的食欲。

问7：宝宝对除母乳外的食物，都不肯吃，甚至哭闹以示抗议，怎么办呢？

答：遇到这种情况妈妈不要着急，也不要逼迫宝宝吃。宝宝接触到新的事物都需要一个适应的过程，而且如果强硬给宝宝吃，宝宝吐出的可能比吃进肚子里的还要多，甚至会让宝宝更加依恋母乳。

问8：宝宝易过敏，应该如何添加辅食呢？

答：对于易过敏的宝宝，尽量用米粉代替奶粉，避免牛奶、海鲜、鱼贝类等食材。这些食材可能使得宝宝的过敏症更加严重，待宝宝的消化道及免疫系统健全后，大概1岁6个月时，这些食材制作的食物可以一次给宝宝吃一种，且量要少，喂食后，要注意观察宝宝的反应，确定没有任何不良反应后，这种食材的喂食才可以加量。其他食材也是如此试吃。

宝宝营养辅食食谱

粥类

进入断奶准备期，粥是宝宝辅食添加的主要食物。宝宝4个月大时，每天可以喂食1～2餐米粉或稀粥。此时，妈妈应该掌握熬粥的基本方法，制作出稀软易消化的各种粥食，以引起宝宝对食物的兴趣。宝宝5～6个月时，乳牙开始萌出，可以在各种粥中加入一定量的蔬菜、蛋、肉等食材，给宝宝补充均衡的营养。

BB 小米粥

材料：

小米30克，大米15克

制作方法：

1．将准备的米淘洗干净，浸泡30分钟左右。

2．将洗净的米和适量的水倒入锅中，用大火煮沸后，改用小火煮至米粒烂、米汤黏稠为止。

好妈妈喂养经

小米中含有多种维生素，营养价值很高。小米性微寒，味甘，有清热解毒、健胃安眠等功效。用小米和大米熬煮成粥，其中的淀粉得到糊化，其他营养成分都成为水溶状态，易于宝宝消食和吸收。

红薯粥

材料：

新鲜红薯10克，大米30克

制作方法：

1.红薯洗净后切成小块状。

2.将大米洗净浸泡30分钟左右。

3.将洗净的大米和红薯块放入锅中，加入适量清水，大火烧至水开后转为小火，熬煮35～40分钟，至粥烂即可。

好妈妈喂养经

红薯中含有蛋白质、糖、磷、钙等多种人体所需的营养，特别是蛋白质中氨基酸和赖氨酸含量丰富，是其他大米等主食所缺乏的。红薯和大米煮成的粥，可以让宝宝得到更全面的蛋白质的补充，让宝宝吃出健康的身体。

南瓜粥

材料：

南瓜10克，大米30克

制作方法：

1.大米洗净后，浸泡30分钟左右。

2.南瓜洗净后，刮皮去瓤切成小块备用。

3.将准备好的南瓜块和大米倒入锅中，加适量清水，大火烧至水开后转为小火，粥和南瓜煮至黏稠即可。

好妈妈喂养经

将米粒在水中浸泡，让其充分吸收水分，煮出来的粥又软又稠。南瓜含有丰富的糖分以及人体核酸、蛋白质合成所需要的锌，具有很高的营养价值，而且它易于消化，很适合作为宝宝的辅食。

菠菜粥

材料：

菠菜10克，大米30克

制作方法：

1.大米淘洗干净；菠菜洗净切碎后，用开水焯一下备用。

2.将洗净的大米倒入锅中，加适量水，大火烧煮。

3.稀饭七成熟时，将焯水后的菠菜末加入粥中，等到粥再次煮沸时即可。

好妈妈喂养经

使用菠菜时，可先将菠菜在水中焯一下，去掉草酸。菠菜中含有人体所需的多种营养成分，宝宝便秘或消化不良时，妈妈可以煮菠菜粥给宝宝喝。

黑米粥

材料：

黑米10克，大米20克

制作方法：

1.将黑米和大米洗净后，控干水分，打磨成粉状。

2.黑米和大米以1：1的比例熬至熟烂即可。

好妈妈喂养经

黑米是一种蛋白质高、维生素及纤维素含量丰富的食品，还含有人体不能自然合成的多种氨基酸和微量元素，具有滋阴补肾、明目聪耳的功效。此粥对宝宝有很好的食补作用。

玉米粥

材料：

玉米面适量

制作方法：

1.将玉米面加水调成糊状备用。

2.将水倒入锅内，大火烧煮。

3.水烧开后，将调制好的玉米糊倒入锅中，边倒边搅拌，待粥开后调小火烧煮约5～10分钟即可。

好妈妈喂养经

妈妈可以在粥中加入一些枣泥，宝宝会更喜欢吃。玉米粥可以增加肠蠕动，且易于消化，其中所含营养丰富，很适合作为宝宝的辅食。

黄豆粥

材料：

黄豆10克，大米30克

制作方法

1. 黄豆洗净后浸泡，再用豆浆机打成豆浆。

2. 将大米洗净，浸泡30分钟后，加入适量清水，用大火烧煮。

3. 去除稀饭中的米汤，加入打好的豆浆，小火熬煮，直至熟烂即可。

Funshine Bear

好妈妈喂养经

黄豆素有“豆中之王”的美称，营养价值非常高，它所含的亚油酸能促进宝宝的神经发育，还可以降低胆固醇。此外，它还含有多种微量元素。这些都有助于宝宝的生长发育。

紫薯番茄粥

材料：

紫薯1/3个，大米50克，番茄1/2个

制作方法：

1.紫薯洗净，去皮，切碎丁；大米洗净。

2.将大米和紫薯丁倒入锅内，加适量水，煮成烂粥。

3.将番茄顶部划一个十字，入开水锅烫一下，去皮，切碎丁，放入笼上蒸软。

4.将番茄碎丁加到粥里，搅拌均匀即可。

好妈妈喂养经

紫薯含有丰富的淀粉、膳食纤维、各种维生素以及钾、铁、钙等10余种微量元素和亚油酸等，配上同样富含多种营养素的番茄制作而成的粥，营养价值很高，对宝宝的肠胃消化功能和身体发育都非常有益。

牛奶粥

材料：

鲜奶100毫升，大米30克

制作方法：

1.将大米淘洗干净，放入锅中，加适量水熬煮至八成熟。

2.去除稀饭中的米汤，将准备的鲜奶倒入粥中，小火熬煮，边煮边搅拌，至粥熟烂即可。

好妈妈喂养经

如果鲜牛奶不方便准备，也可以用3～4勺的奶粉代替。牛奶中含有丰富的蛋白质、脂肪、糖类以及多种维生素。将牛奶和大米一起熬煮，不仅可以补充宝宝生长发育中所需要的营养，还具有健脾补胃的作用。

蛋花粥

材料：

鸡蛋1个，大米30克

制作方法：

1.大米洗净后煮粥，将鸡蛋打碎后取蛋黄备用。

2.取浓米汤一碗，将米汤和蛋黄一起倒入锅中。

3.大火烧煮，边煮边搅拌，煮成蛋花米汤状即可。

好妈妈喂养经

妈妈可以根据宝宝的身体需要，加入一些细碎的蔬菜。蛋花煮粥清淡可口，含有丰富的蛋白质、铁、锌、磷等人体所需要的各种元素，对宝宝的生长发育极为有益。

牛奶蛋黄粥

材料：

大米30克，牛奶100毫升，蛋黄1/4个

制作方法：

1.将大米淘洗干净，加入适量水，上火煮开，开锅后改文火煮30分钟。

2.将准备好的蛋黄用勺子背面研碎。

3.出锅前将牛奶和蛋黄加入粥内，再煮片刻出锅即可。

好妈妈喂养经

牛奶富含优质蛋白质、核黄素、钾、钙、磷、维生素B_{12}及维生素D，可为宝宝的生长发育提供多种营养。鸡蛋黄含有丰富的卵磷脂、甘油三酯、胆固醇和卵黄素，对神经发育有重要的作用，可增强记忆力，有健脑益智的效果。

蛋黄香蕉粥

材料：

鸡蛋1个，香蕉1/4根，米饭3勺

制作方法：

1.将鸡蛋煮熟，挑出蛋黄捣碎；香蕉去皮，撕筋，碾成泥。

2.将蛋黄末、香蕉泥、米饭放入锅中，加适量水，一起煮烂即可。

好妈妈喂养经

鸡蛋黄中含有大量的卵磷脂、甘油三酯、胆固醇和卵黄素。这些成分被人体消化后，可释放出一种叫胆碱的物质，这种胆碱可以促进宝宝脑神经细胞的生长，具有健脑益智的功效。

桂圆红枣粥

材料：

桂圆肉10克，红枣3枚，大米30克

制作方法：

1.将桂圆肉、红枣、大米洗净浸泡30分钟左右，一同放入锅中慢熬成粥。

2.粥熟烂后，用筷子夹出枣核、枣皮、桂圆核即可。

好妈妈喂养经

桂圆肉性甘平，含有丰富的蛋白质和维生素等成分，营养价值很高。中医认为桂圆肉“主五脏邪气，安志，久服强魂，聪明”，为补品中之上品，与红枣、大米熬粥同食，具有安神定惊的效果。

水果燕麦粥

材料：

干燕麦片100克，配方奶50毫升，水果50克

制作方法：

1.将干燕麦片用清水泡软，水果洗净切成碎丁，备用。

2.将泡好的燕麦片连水倒入锅中，水烧开后，煮两三分钟加入配方奶。

3.燕麦片酥烂时，加入水果碎丁略煮即可。

好妈妈喂养经

这道粥果香味浓，软烂适口，含有宝宝生长发育所需的蛋白质、碳水化合物、脂肪，钙、铁、锌和多种维生素以及尼克酸等多种营养素，能为宝宝补充多种营养，对宝宝的身体以及大脑发育都有促进作用。

莲子糙米粥

材料：

莲子20克，糙米30克

制作方法：

1.将糙米洗净，浸泡备用。

2.将莲子洗净，加清水煮软。

3.将泡好的糙米放入煲中煮至八成熟。

4.加入莲子，熬煮至熟烂即可。

好妈妈喂养经

莲子具有养心安神、健脑益智、消除疲劳的功效；糙米有提高人体免疫功能、促进血液循环、消除沮丧烦躁等情绪的功效。用莲子和糙米熬煮的粥是宝宝健脑益智的良选。

小米鸡蛋粥

材料：

小米50克，鸡蛋1个

制作方法：

1.将小米淘洗干净，加适量水煮粥。

2.磕破鸡蛋倒出蛋清，留下蛋黄，用打蛋器将蛋黄打散搅拌均匀备用。

3.粥开后，转小水煮20分钟时，将蛋黄液倒入，搅拌均匀，煮至粥熟即可。

好妈妈喂养经

小米富含蛋白质、脂肪、铁和维生素等，能促进人体对蛋白质的吸收。鸡蛋蛋黄中含有丰富的卵磷脂、甘油酸酯、胆固醇和卵黄素，对宝宝的神经系统和身体发育有很大的作用。

红枣粥

材料：

大米50克，红枣3枚

制作方法：

1. 将大米、红枣洗净备用。

2. 去红枣核，研碎备用。

3. 将大米放入锅中，加适量水，煮至米汤开始出现稠状时，倒入红枣末，直至米烂汁浓即可。

好妈妈喂养经

这道粥有补血和胃等作用。大米中含有蛋白质、脂肪和有机酸、单糖、B族维生素及钙、磷、铁等元素；红枣含有维生素A、维生素C，胡萝卜素、磷、镁等矿物质，叶酸等，有提高人体免疫力，软化血管，预防缺铁性贫血等作用。

青青豌豆粥

材料：

青豌豆20克，大米50克

制作方法：

1. 大米洗净，浸泡30分钟左右备用。

2. 青豌豆放入开水中煮熟，去皮捣碎。

3. 将浸泡好的大米和捣碎的青豌豆加入适量清水，熬煮成粥即可。

好妈妈喂养经

青豌豆是一种非常有营养的食品，它含铜、铬等微量元素较多，给宝宝食用，可以促进宝宝的身体以及大脑发育。青豌豆吃多了容易腹胀，所以不宜给宝宝大量食用。

番茄滑蛋肉糜粥

材料：

番茄半个，猪瘦肉20克，鸡蛋1个，米饭1/4碗

制作方法：

1. 番茄洗净蒸熟去皮切成碎丁，鸡蛋取蛋黄打散搅拌均匀备用。

2. 猪瘦肉洗净切细丝，过水后剁成肉末。

3. 米饭倒入锅中，加适量水和肉末熬成粥。

4. 待粥煮至八成熟后，再加入番茄丁和蛋黄液，搅拌均匀煮至熟烂即可。

好妈妈喂养经

这道粥富含人体所需的多种微量元素，能均衡补充宝宝的营养需求。同时，蛋黄中富含对神经系统和身体发育有利的DHA、卵磷脂和卵黄素，能提高记忆力，具有健脑益智的功效。

胡萝卜鱼肉粥

材料：

白鱼肉30克，胡萝卜1/5个，清汤半杯，米饭1/4碗

制作方法：

1.将白鱼肉洗净、剔净鱼骨，蒸熟，用勺子捣成泥。

2.将胡萝卜用擦菜板擦碎备用。

3.将米饭、清汤、鱼肉泥以及胡萝卜末倒入锅内同时煮，煮至黏稠即可。

好妈妈喂养经

鱼肉的蛋白质，结缔组织也比较少，吃起来细致嫩滑，较容易消化。宝宝经常食用，能够补充身体所需的多种营养，对大脑发育也有良好的促进作用。

小米鱼粥

材料：

三文鱼30克，小米50克

制作方法：

1.将小米洗净，浸泡几分钟，煮开后用小火煮粥。

2.将三文鱼洗净，放入蒸锅中蒸熟，取鱼肉用勺子压成泥。

3.待粥熬煮八成熟时，倒入鱼泥搅拌均匀，煮至粥熟烂后即可。

好妈妈喂养经

三文鱼有很高的营养价值，所含的蛋白质人体易于消化和吸收，富含的不饱和脂肪酸还能够促进宝宝的大脑发育。同小米熬煮的鱼肉粥，是宝宝益智菜谱中的首选食物。

青菜蛋黄粥

材料：

青菜1/4棵，鸡蛋黄1个，软米饭1/4碗，清汤适量

制作方法：

1.将青菜洗净，开水烫后切碎，放入锅中，加少量水煮成糊状备用。

2.将蛋黄、软米饭、适量清汤放入锅中煮烂成粥。

3.加入青菜糊，搅拌均匀即可。

好妈妈喂养经

鸡蛋黄含有丰富的营养成分，对促进宝宝生长发育、大脑发育以及神经系统的发育都有极大的益处。加上青菜熬煮的粥，可以增加宝宝的食欲，能促进宝宝脑部的开发。

枸杞冬瓜粥

材料：

冬瓜50克，枸杞1克，大米25克

制作方法：

1.大米淘洗干净，浸泡30分钟。

2.冬瓜洗净切粒，枸杞洗净切碎末。

3.大米倒入锅中，加适量水熬煮。

4.待粥煮至八成熟后，放入冬瓜粒煮15分钟，再加入枸杞末搅拌均匀，煮熟烂即可。

好妈妈喂养经

冬瓜营养价值高，配合大米煮成粥，可以提高宝宝的免疫力。在粥里加上枸杞，既美观可口又可以明目，促进宝宝的食欲，宝宝会爱上这道美味的营养粥。

青菜鸡肉末粥

材料：

大米50克，青菜20克，鸡肉20克

制作方法：

1.大米洗净，浸泡30分钟，熬成粥。

2.青菜洗净，放入开水中烫软，切碎。

3.鸡肉洗净切成薄片，放入开水中煮10分钟，取出剁成肉末。

4.将鸡肉末和青菜碎末加入煮好的粥中搅匀煮5～8分钟即可。

好妈妈喂养经

鸡肉细嫩，滋味鲜美，富有营养，有滋补养身的作用。它还含有丰富的营养元素，可以促进宝宝的身体发育，增强宝宝的免疫力。加上黏稠的清粥，香软适口，宝宝会很喜欢。

栗子小米粥

材料：

小米50克，生栗子3个

制作方法：

1.生栗子洗净，放到开水中煮一会儿，捞起后去外皮和内膜，再洗净。

2.小米洗净，同栗子肉一同下锅，煮至栗子绵软，粥黏稠时即可。

好妈妈喂养经

此粥香甜，绵软可口。栗子营养丰富，富含人体所需的营养成分，钾元素含量尤其突出，有助于维持神经健康、心跳规律正常。栗子含有的纤维较少，不易消化，妈妈每次不要让宝宝吃太多。

丝瓜粥

材料：

丝瓜50克，粳米50克，虾米少许

制作方法：

1.丝瓜洗净，去皮后切块；虾米洗净切碎。

2.粳米洗净，加适量水，慢火熬粥。

3.待粥熬煮至将熟时，加入丝瓜块、虾米末，熬煮熟烂即可。

好妈妈喂养经

丝瓜含有皂甙、苦味素、木聚糖、蛋白质、B族维生素、维生素C等成分，且味甘、性凉，具有清热、解毒的功效。丝瓜与粳米、虾米煮粥，还具有清热和胃、化痰止咳的功效。

大米苹果粥

材料：

苹果1个，大米30克

制作方法：

1. 将大米淘洗干净，苹果削皮切丁。

2. 将洗净的大米倒入锅中，加入适量的水，大火烧煮。

3. 水烧开后将切碎的苹果倒入锅中，搅拌烧煮，锅中米汤变成淡黄色时即可出锅。

好妈妈喂养经

苹果中含有多种维生素和微量元素以及身体所需的糖分和脂肪，是构成大脑发育所必须的营养成分。用苹果和大米煮粥，不仅有助于消化，对宝宝大脑发育和身体发育也很有好处。

宝宝营养辅食食谱

汤 类

宝宝习惯吸食乳汁，制作汤类辅食可以帮助宝宝逐渐过渡到半流质食物。无论吃母乳还是喝汤，都可以直接到咽部，有利于宝宝吞咽。在断奶准备期，宝宝的肠胃系统尚未发育成熟，因此，不应在汤中放各种调料。制作的汤类辅食除了谷类，还可以用肉类、蔬菜类等食材熬制。

大米汤

材料：

大米50克

制作方法：

1.将大米洗净后，放入锅中。

2.往锅中倒入约4～5倍的水，大火煮沸后改用小火慢慢熬成稀粥。

3.粥熬好后，用汤勺取上面不含饭粒的米汤，待温度适宜时即可给宝宝喂食。

好妈妈喂养经

大米中含有丰富的营养，如：淀粉、蛋白质、微量元素、维生素B_1等。熬制的米汤提炼出了大米中的精华，很适合作为宝宝母乳或配方奶之外的辅食。妈妈每天可以选择1～2餐只喂食米汤，如果宝宝接受不了，可以喂一点奶后再喂食米汤。

金银米汤

材料：

小米10克，大米50克

制作方法：

1.将小米和大米洗净，浸泡30分钟左右。

2.将米倒入锅内，加适量水，用大火煮开，再转小火熬煮至汤汁微白并且变稠，熄火加盖焖约10分钟，用漏勺过滤出米粒即可。

好妈妈喂养经

小米富含蛋白质、碳水化合物、B族维生素、维生素E、锌、铜、锰等营养元素，具有益阴、利肺、利大肠的功效。同蛋白质价值高的大米熬制的米汤富含维生素C、B族维生素等，有助于宝宝的生长发育。

猪骨菠菜汤

材料：

猪脊骨200克，菠菜100克

制作方法：

1.将猪脊骨洗净，砍碎，放入煲内，加适量水，大火煮开，再转用小火熬煮约2小时。

2.将菠菜洗净，入沸水锅中烫一下，再放入汤中，再煲10分钟，待温即可。

好妈妈喂养经

猪脊骨含有镁、钙、磷、铁等多种无机盐；菠菜中所含的酶，对胃及胰腺的分泌功能有良好的作用。此汤可以补充宝宝生长发育所需的镁、铁、钙、磷等无机元素，可以促进宝宝身体发育。

卷心菜番茄汤

材料：

卷心菜30克，番茄半个

制作方法：

1.将卷心菜洗净，切成丝状。

2.将番茄洗净，顶部划十字，用开水烫一下，去皮，切成小块。

3.倒适量水到锅内，一同放入番茄块和卷心菜丝，大火煮5分钟，取其汁饮用。

好妈妈喂养经

卷心菜含有多种人体必需氨基酸、维生素C、胡萝卜素、维生素B_1、维生素B_2、尼克酸、蛋白质、脂肪、粗纤维、钾、钙等，具有利五脏、调六腑、填脑髓等功效。这道汤色艳味鲜，维生素含量高，能激发宝宝的食欲。

小白菜汤

材料：

小白菜50克，土豆20克

制作方法：

1.土豆洗净，削皮，切成小块；小白菜择洗干净，切碎。

2.汤锅置火上，加适量水，放入小白菜末稍煮。

3.放入土豆块，煮至土豆烂熟即可。

好妈妈喂养经

小白菜中所含的矿物质能促进骨骼的发育，加速人体的新陈代谢，并增强机体的造血功能；土豆是多维生素和微量元素的食物。这道汤其色碧绿诱人，其质柔软细嫩，汤味清香，可以促进宝宝的食欲。

香香苹果汤

材料：

苹果1个

制作方法：

1.将苹果洗净，切片备用。

2.在锅中加适量水，倒入苹果片，煮沸，取汁即可。

好妈妈喂养经

苹果味道甜美，含水量较多。苹果含有的多种维生素、微量元素、糖类、脂肪等营养物质，其中锌元素对宝宝的记忆有益，能增强宝宝的记忆力。苹果加水熬汤，具有清热、生津、益气等功效。

三文鱼奶汤

材料：

三文鱼100克，配方奶200毫升

制作方法：

1.将三文鱼洗净，放入锅中蒸熟。

2.取出蒸熟的三文鱼，挑出鱼肉捣碎。

3.将三文鱼肉和配方奶倒入锅中稍煮片刻即可。

好妈妈喂养经

三文鱼含有丰富的ω-3不饱和脂肪酸以及DHA，能提高记忆力，对宝宝的视力和大脑发育十分有益。三文鱼还含有多种维生素等营养，用配方奶熬煮，可以补充宝宝生长发育所需的多种营养，有助于宝宝健康发育。

南瓜奶粉汤

材料：

南瓜100克，配方奶200毫升

制作方法：

1.南瓜去皮，洗净后切成小块，放在锅内煮熟用勺子压成南瓜蓉，配方奶用开水冲泡备用。

2.将南瓜蓉倒入锅中，加入配方奶搅拌均匀，用小火煮10分钟即可。

好妈妈喂养经

南瓜益气补血，所含的β-胡萝卜素可由人体吸收后转化为维生素A。南瓜中含有丰富的锌，参与人体内核酸、蛋白质合成，具有促进生长发育的功效。

洋葱鸡蛋汤

材料：

洋葱30克，鸡蛋1个

制作方法：

1.将洋葱剥好，洗净，剁成碎末。

2.将蛋黄磕入碗中，用打蛋器打散，再将洋葱末倒入蛋液中，搅匀。

3.锅中加适量水，将洋葱蛋液倒入，洋葱煮烂即可。

好妈妈喂养经

此汤清淡爽口，可以促进宝宝消化。洋葱有一定的提神作用，它能帮助细胞更好地利用葡萄糖，还可以降低血糖，供给脑细胞热量。宝宝食用适量的洋葱汤，有助于大脑智力的发育。

卷心菜清汤

材料：

卷心菜50克，清汤适量

制作方法：

1.将卷心菜洗净，切丝备用。

2.清汤煮开后，下卷心菜丝，大火烧开后改小火煮，待菜烂即可。

好妈妈喂养经

妈妈也可以将卷心菜换成土豆或者胡萝卜，做成土豆清汤、胡萝卜清汤。卷心菜可以为宝宝身体发育提供所需的钾，同时，卷心菜的维生素C含量也比较高，可以让宝宝健康成长。

菠菜汤

材料：

菠菜50克

制作方法：

1.将菠菜洗净，切碎，加入沸水中煮5分钟左右。

2.煮成的清汤即菜水，晾凉后直接给宝宝饮用。

好妈妈喂养经

菠菜中所含的胡萝卜素，在人体内可转变成维生素A，能够保护宝宝的视力，维持骨骼的正常发育。此外，菠菜还含有丰富的维生素C、钙、铁、磷、维生素E等营养成分，能补充身体发育所需的多种营养元素。

宝宝营养辅食食谱

泥糊类

宝宝4个月时，相对前3个月更加活跃，视觉、听觉功能逐步完善，手脚的运动也逐渐协调。此时，在吃母乳的基础上，每天应添加一餐泥糊状辅食。其中米糊是宝宝最先添加的辅食。每种辅食喂3～4天，量由少到多，由稀到稠，由淡到浓，不加盐和糖以及其他调料。添加这些辅食后，妈妈要注意看宝宝是否有腹泻等不良反应，确保宝宝适应后再接着喂食。

米糊

材料：

大米50克

制作方法：

1.将大米淘洗干净，用清水浸泡一晚备用。

2.将泡好的大米用豆浆机打成浆。

3.将米浆倒入碗中，放入蒸锅边蒸边搅动，熬成糊状时即可。

好妈妈喂养经

大米的营养非常丰富，有蛋白质、脂肪、碳水化合物、粗粮纤维、钙、磷、铁以及多种维生素，用它给宝宝制作米糊，简单方便又富有营养，是宝宝营养辅食的良好选择。

西蓝花米糊

材料：

西蓝花半个，米糊适量

制作方法：

1.将西蓝花洗净，放入开水里煮至软烂，取出后用勺子碾碎。

2.将西蓝花碎末放入已经煮开的米糊中，搅拌均匀即可。

好妈妈喂养经

西蓝花营养成分含量高，并且十分全面，含有蛋白质、碳水化合物、脂肪、微量元素、维生素C、胡萝卜素以及钙、磷、铁、钾、锌等多种元素。西蓝花米糊可以给宝宝补充生长发育所需的各种营养，帮助宝宝健康成长。

香蕉奶糊

材料：

香蕉20克，配方奶40毫升，玉米面5克

制作方法：

1.将香蕉剥去外皮，撕筋，捣碎。

2.锅中放适量水烧开，下配方奶、玉米面，搅拌均匀，大火煮开后，转小火并不断搅拌，防止外溢和糊锅。

3.玉米糊煮熟后，加入捣碎的香蕉调匀即可。

好妈妈喂养经

香蕉的糖分、蛋白质含量均高，维生素、微量元素也很丰富，热量也在水果中居高。香蕉中还富含钾，同配方奶以及玉米面一起熬煮成奶糊，有利于宝宝的骨骼、牙齿及大脑的生长发育。

玉米奶露

材料：

新鲜玉米半根，牛奶50毫升

制作方法：

1.玉米洗净，再把玉米粒剥下来。

2.用搅拌机将玉米打成浆。

3.用纱布过滤玉米渣，将过滤后的玉米汁和牛奶混合，搅拌均匀即可。

好妈妈喂养经

玉米含有丰富的钙、镁、硒、维生素A、维生素E、卵磷脂和18种氨基酸等多种营养物质，可以提高宝宝的免疫力，增强脑细胞活动，健康又益智，很适合宝宝食用。

五彩奶羹

材料：

牛奶100毫升，香蕉1根，胡萝卜30克，鸡蛋1个

制作方法：

1.胡萝卜煮熟，去皮压成泥；鸡蛋煮熟，取蛋黄压成泥；香蕉剥皮去筋，取半根压成泥状。

2.将牛奶倒入锅内，加入香蕉泥、胡萝卜泥、蛋黄泥，搅拌均匀。

3.煮开后，盛入碗中，温度适宜后即可给宝宝食用。

好妈妈喂养经

五彩奶羹中含有丰富的蛋白质、碳水化合物、维生素A、B族维生素、维生素E、钾、铁、锌、硒等营养物质，不仅能够提供宝宝生长发育所需的多种营养物质，还能够预防夜盲症、口角炎、贫血等病症。

南瓜红枣泥

材料：

南瓜100克，红枣5枚

制作方法：

1.南瓜去皮，去瓤，洗净，切块；红枣洗净，去核。

2.将南瓜块和红枣一同放入小锅中煮熟烂。

3.挑出红枣皮和核，用勺子将南瓜和红枣碾成泥即可。

好妈妈喂养经

南瓜中含有丰富的淀粉、蛋白质、胡萝卜素、B族维生素、钙、磷等营养成分，有润肺益气、健脑益智的作用，宝宝常食用可以强健身体，促进生长发育。

蛋黄豌豆糊

材料：

荷兰豆100克，鸡蛋1个，大米50克

制作方法：

1.将荷兰豆去茎洗净后，放进搅拌机中打碎，或用刀剁成豆蓉。

2.将鸡蛋煮熟后，去壳取蛋黄，压成蛋黄泥。

3.大米洗净，在水中浸泡半小时，连水、豆蓉一起煮约1小时，煮成半糊状后拌入蛋黄泥，搅拌均匀即可。

好妈妈喂养经

宝宝4个月左右开始出乳牙，骨骼也在发育，必须摄入充足的钙。这道糊中含有丰富的钙、维生素A、碳水化合物以及卵磷脂等营养素，既能补充宝宝身体发育所需要的钙，又具有健脑的作用，让宝宝越吃越健康，越吃越聪明。

豆腐糊

材料：

豆腐20克，肉汤适量

制作方法：

1.将豆腐洗净压碎备用。

2.锅中放入适量的肉汤，再将压碎的豆腐放入锅内，边煮边用勺子搅拌，至肉汤煮开后即可。

好妈妈喂养经

此糊味美可口，蛋白质含量丰富，易于宝宝消化吸收。豆腐糊中还含有较丰富的脂肪，碳水化合物及维生素C、钙、镁等元素，能够补充宝宝身体和大脑发育所需的营养。

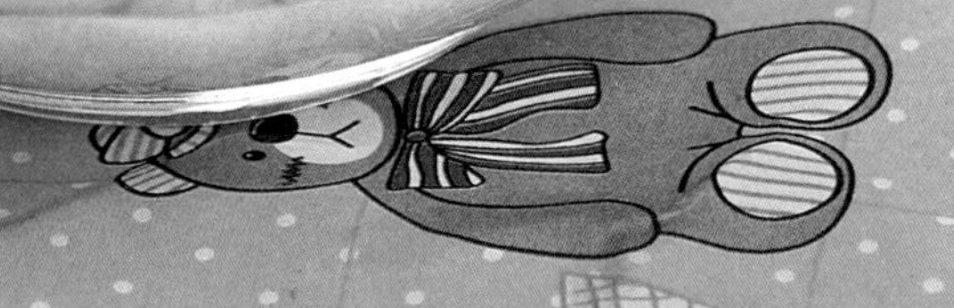

番茄鱼糊

材料：

鱼肉100克，番茄半个，鸡汤200毫升

制作方法：

1.将鱼肉洗净蒸熟后，取鱼肉碾成泥。

2.番茄顶部划十字，用开水烫一下，剥皮，切成碎末。

3.锅内倒入鸡汤，加入鱼肉泥、番茄末，煮沸后用小火煮成糊状即可。

好妈妈喂养经

这道糊富含钙、磷、铁、维生素C、维生素B_1、维生素B_2、维生素D、胡萝卜素、蛋白质等多种营养素，都是宝宝生长发育必需的营养素，可以提高宝宝的免疫力，促进宝宝的健康成长。

鱼肉糊

材料：

白鱼肉50克

制作方法：

1.将白鱼肉洗净后放入锅中加水烧煮；煮熟后捞出鱼肉，留鱼汤备用。

2.去除鱼骨和皮，取鱼肉放入碗中研成泥，再放入鱼汤中混煮；将淀粉用水调匀后倒入锅内，煮至糊状，盛出晾温即可喂食。

好妈妈喂养经

鱼肉含有丰富的优质蛋白、不饱和脂肪酸、维生素以及钙、磷、钾等营养元素，对婴儿生长发育、大脑发育、骨骼生长、视力维护等有很好的作用。鱼肉鲜美，熬出来的鱼肉糊还有滋补、开胃的功效。

紫薯泥

材料：

紫薯1个

制作方法：

1.紫薯洗净，去皮切块状。

2.锅中加适量水，水开后加紫薯块，煮至熟透后，取出紫薯，盛入碗中压成泥即可。

好妈妈喂养经

紫薯含有人体所需的蛋白质，还含有多种易于被人体吸收的氨基酸、维生素以及矿物质等营养。紫薯泥易于宝宝消化和吸收，同时，艳丽的颜色，也容易引起宝宝的食欲。

鸡蛋黄糊

材料：

鸡蛋1个

制作方法：

1.将鸡蛋洗净，放锅中煮熟。

2.剥去蛋壳，除去蛋白，取蛋黄，加入适量开水，用匙搅烂即成，也可将蛋黄泥用配方奶、米汤、菜水等调成糊状，即可食用。

好妈妈喂养经

蛋黄中含有丰富的蛋白质、脂肪，包括中性脂肪、卵磷脂、胆固醇等，是宝宝生长发育必需的物质；还含有丰富的钙、磷、铁等对人体有益的矿物质，对促进婴儿骨骼生长、脑细胞发育、预防缺铁性贫血非常有益。

红枣泥

材料：

干红枣100克

制作方法：

1.将干红枣在水中浸泡30分钟。

2.红枣洗净后放入锅内，加入清水煮15～20分钟。

3.将煮熟的红枣去皮、去核，放入碗中捣成泥状，加少许开水搅拌均匀即可。

好妈妈喂养经

红枣泥含有丰富的蛋白质、有机酸、维生素C、维生素A等营养成分，能提高宝宝的免疫能力，预防和缓解宝宝缺铁性贫血、脾虚消化不良等症状，具有健脾胃、补气血的功效。

蛋黄土豆泥

材料：

鸡蛋1个，土豆1个

制作方法：

1.鸡蛋煮熟后取蛋黄压成泥状；土豆洗净后去皮煮熟，压成泥状，备用。

2.将蛋黄泥和土豆泥混合，添加少许开水搅拌均匀即可。

好妈妈喂养经

蛋黄和土豆中含有丰富的营养，能够补充宝宝身体所需的多种物质，如：蛋白质、脂肪、钙、铁等人体必须的营养元素；蛋黄和土豆压成泥后，宝宝更易消化。

青菜泥

材料：

青菜4棵

制作方法：

1.将青菜洗净，加入沸水中煮2分钟左右。

2.取出菜叶用料理机打碎，再滤出菜泥即可。

好妈

青菜能为宝宝提供丰富的维生素A、维生素C、叶酸等营养。用青菜制作的菜泥颜色鲜艳，易于消化，没有异味，也不易引起过敏等症状，是断奶准备期宝宝最好的辅食之一。

蔬果汁类

在断奶准备期，宝宝已经可以食用一些蔬果汁了。给宝宝食用的蔬果汁最好是妈妈自己亲手制作的，这样既卫生又安全，还可以给宝宝补充维生素、矿物质、纤维素等营养物质。制作蔬果汁的材料要选用新鲜的食材，给宝宝喂食时，应加同等量水稀释果汁，喂食时应遵从由少到多的原则，待宝宝适应后，逐渐减少水的比例。

苋菜水

材料：

苋菜100克

制作方法：

1.将苋菜洗净后切丝备用。

2.锅置火上，放水100毫升烧沸，倒入菜丝，煮5～6分钟，离火后，再焖煮10分钟，滤去菜渣留汤即可。

好妈妈喂养经

苋菜水的铁、钙含量极为丰富，能给宝宝提供身体发育所需的铁和钙，对治疗宝宝缺铁性贫血很有帮助。同时，苋菜水中含维生素C也比较多，可以提高宝宝的抵抗力。

青菜汁

材料：

青菜50克

制作方法：

1.将青菜洗净，放入水中稍微浸泡一下。

2.将泡好的菜叶切碎，倒入沸水中煮2分钟左右。

3.用勺子挤压菜叶，再用纱布过滤出菜叶即可。

好妈妈喂养经

青菜是含维生素和微量元素最丰富的蔬菜之一，其还含有丰富的胡萝卜素、钙、铁等营养元素。宝宝食用青菜汁，可以补充身体所需的营养元素，有助于增强机体免疫力。

黄瓜汁

材料：

黄瓜半根

制作方法：

1.将黄瓜去皮，洗净，切丝。

2.将黄瓜丝倒入榨汁机榨汁即可。

好妈妈喂养经

黄瓜汁利尿功效名列前茅，在强健心脏和血管方面，也占有重要的地位。黄瓜汁含有维生素B_1，有保护神经系统的作用，还能促进肠胃蠕动，增加宝宝的食欲。

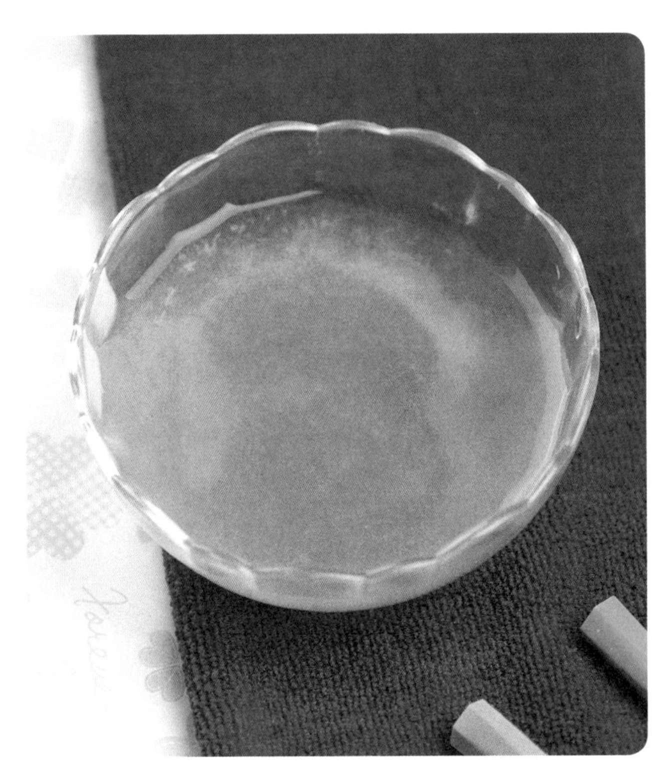

南瓜汁

材料：

南瓜100克

制作方法：

1.将南瓜去皮，去瓤，洗净，切小块。

2.将南瓜块倒入锅中，加适量水，煮熟烂后，用勺子压成泥。

3.用干净的纱布过滤南瓜渣，取南瓜汁即可。

好妈妈喂养经

南瓜汁中含有丰富的可溶性膳食纤维、胡萝卜素、维生素C、维生素E、果胶等多种营养成分，还有人体所需的多种微量元素，如：三价铬、锌、镁、钴等，具有润肠益肝的作用，能增强机体免疫能力。

红枣汁

材料：

鲜红枣20枚

制作方法：

1.将鲜红枣洗净，放入碗中备用。

2.将盛入红枣的碗放到蒸锅内，上汽后再蒸20分钟左右。

3.将碗内红枣汁倒入杯内即可。

好妈妈喂养经

红枣汁可以促进胃液分泌，促进宝宝的食欲。红枣汁中富含维生素C、优质蛋白、脂肪、葡萄糖、胡萝卜素以及钙、铁等多种微量元素，宝宝常食用可强健身体，既有益于智力发展，又可以促进生长发育。

玉米汁

材料：

鲜玉米1根

制作方法：

1.将鲜玉米洗净煮熟，晾凉后掰下玉米粒。

2.按1:1的比例，将玉米粒和温开水倒入榨汁机中榨汁即可。

好妈妈喂养经

玉米含有丰富的营养物质，不仅含有蛋白质、脂肪、糖类、胡萝卜素、谷固醇，还含有B族维生素等元素。新鲜的玉米汁易为身体吸收，宝宝多食用可以促进身体发育。

玉米豌豆汁

材料：

鲜玉米100克，鲜豌豆50克

制作方法：

1.将鲜玉米、鲜豌豆洗净，然后削好玉米粒。

2.将玉米粒和豌豆倒入榨汁机中榨成汁。

3.将汁倒入锅中，加适量水，煮10分钟即可。

好妈妈喂养经

豌豆有清肝、明目的作用。玉米清香，纤维素含量高，可刺激胃肠蠕动，有助消化，可防治便秘、肠炎。玉米胚芽的营养物质能增强人体新陈代谢，调整神经系统功能等，能促进宝宝的消化吸收。

PART 3

断奶进行时，让宝宝慢慢爱上断奶餐

宝宝7~12个月大时仍可以继续吃母乳，但是母乳中所含的营养成分，如：铁、钙、维生素等已经不能完全满足宝宝生长发育的需要。此时，宝宝的运动量也在增加，母乳提供的热量也满足不了宝宝的日常消耗。因此，宝宝每日的母乳量保持在500毫升左右，每日还要增加两餐半固体食物来代替母乳喂养。这一时期，宝宝开始长牙，咀嚼能力以及消化功能都逐渐增强，在主食上可以增加面食类的食物，锻炼宝宝的咀嚼能力。

温柔断奶，妈妈、宝宝的心理护理

宝宝在伤心哭泣时，吃上妈妈的母乳就会逐渐安静下来。妈妈也会发现，母乳不仅是宝宝的营养美食，更是能给予宝宝安慰和安全感的精神慰藉。然而，由于宝宝身体发育的需要，断奶又是一件必须经历的事情，妈妈和宝宝如何应对断奶这件残酷却又不得不面对的事情呢?

1.妈妈的心态很重要

看着宝宝在自己怀中安心地吃着母乳，妈妈心中会涌出巨大的满足感和幸福感。断奶进行时，妈妈不仅要担心宝宝断奶后的身体状况，还要忍受乳房胀痛、滴奶等不适，很可能会因为断奶引起体内激素发生变化，导致一些负面情绪，如：失落、沮丧、易怒等。这个时候，妈妈不仅需要得到家人的关心，还要学会自我调节。

妈妈必须明白，无论是母乳喂养还是其他食物喂养，都是为了宝宝能够健康成长。只有妈妈先摆正好心态，才能有良好的情绪帮助宝宝顺利度过断奶阶段。断奶进行时，妈妈还可能会因为心理上的内疚，对宝宝一味地纵容，不管宝宝的要求是否合理，轻易地迁就他的要求，这也是不对的，不能因为断奶而养成宝宝的不良习惯。

2.帮助宝宝调整心态

突然之间，不能再趴在妈妈怀里吃奶了，这对宝宝来说，无疑是一件晴天霹雳的大事。宝宝不明白为什么，甚至会以为是自己做错事情了，这是妈妈对他的惩罚。其实，这只是妈妈为了他更好地成长，不得不狠下心来施行的一个决定。在断奶时，如果妈妈不能帮助宝宝调整好心态，会对宝宝的心理造成一定的影响。妈妈要让宝宝明白断奶是意味着宝宝长大了，而不是要掐断宝宝和妈妈亲密关系的纽带。妈妈还可在行动上给宝宝更多的关爱，如：为宝宝精心准备他感兴趣的食物；和宝宝做游戏，到户外游玩；用适当的语言表扬和鼓励宝宝等方式，强化他对"妈妈爱自己"的认识，帮助宝宝找到母乳之外的安全感。

妈妈回奶有妙招

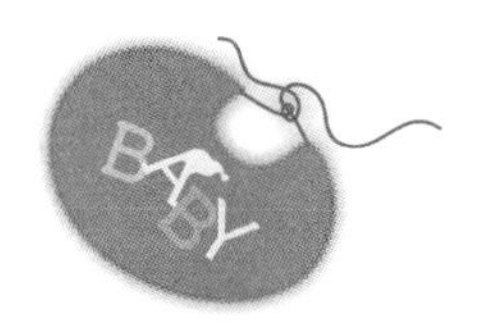

断奶进行时，妈妈逐渐减少了喂奶的次数或者不再给宝宝喂奶，如果妈妈奶水仍然较多，就需要回奶。回奶是指给宝宝断奶后让乳房不再分泌乳汁。回奶的方法主要分为自然回奶和人工回奶。一般来说，哺乳时间达到10个月以上，想正常断奶的妈妈，较常采用的是自然断奶法；如果是因为疾病或某种特殊原因，哺乳时间尚不足10个月的妈妈，一般采用的都是人工回奶的方法。

另外，有些妈妈哺乳时间已经超过10个月，但因为奶水较多，在自然回奶效果不好的情况下，也会采用人工回奶。下面介绍一些回奶的小妙招，妈妈们可以根据自己的情况，选择合适的断奶方法。

自然回奶法

自然回奶是指通过逐渐减少喂奶次数，逐渐缩短喂奶时间，饮食注意等不借助药物的方式，使乳汁分泌逐渐减少以致全无。自然回奶的妈妈除了借助减少宝宝吸吮母乳的次数和数量，最后让宝宝断奶；穿合身或较紧的胸罩，抑制乳汁的分泌；妈妈减少喝汤、水、汁类的食物，少吃含蛋白质丰富的食物这些方式外，最重要的还是通过饮食调整入手，帮助妈妈有效地回奶，下文介绍的几种食谱仅供参考：

山楂麦芽饮

材料：

麦芽10克，山楂3克，红糖15克

制作方法：

1.将山楂切片与麦芽分别炒焦（也可选购中药店的炒麦芽与干山楂片）。

2.将炒好的山楂片与炒麦芽放入干净的小锅中，加400毫升水，中火烧开后，转小火继续煮15分钟。

3.将煮好的水放至稍凉后，调入红糖，即可饮用。

回奶功效：

此饮料有回奶的作用，对回奶时乳房胀痛、乳汁郁积有缓解的作用，可在断奶时代替水饮用。

大麦粥

材料：

大麦仁、粳米各50克，白砂糖10克

制作方法：

1.将大麦仁、粳米淘洗干净，用冷水浸泡半小时，捞起，沥干水分。

2.将大麦仁、粳米放入锅中，加适量水，先用旺火烧沸，再转用小火熬煮。

3.待粥熬烂熟以后，加白砂糖调味即可。

回奶功效：

大麦能抑制乳汁分泌，是回奶的好食物，用大麦烹制成的不同食物都具有回奶功效。

炒黄花猪腰

材料：

猪腰子500克，黄花菜50克，姜、葱、蒜各5克，调料适量

制作方法：

1.将猪腰子剖开，去筋膜臊腺，洗净，切块；黄花菜泡发，撕小条。

2.起油锅，待油至九成热时放姜、葱、蒜及腰花块爆炒片刻。

3.待猪腰熟透变色时，加黄花菜及适量盐、糖，煸炒片刻，加水、生粉勾芡，加味精即可。

回奶功效：

这道菜味美适口，具有补肾回奶作用，可抑制乳汁分泌，减缓乳房胀痛。

素炒茄丁

材料：

茄子400克，姜丝5克，调料适量

制作方法：

1.将茄子去皮，洗净，切成丁。

2.烧油锅，下姜丝爆香，倒入茄丁翻炒至断生。

3.用半碗水，匀开盐、老抽、生抽、糖，倒入锅中煮沸后加盖小火焖煮。

4.煮至茄丁软熟，勾芡，淋尾油即可。

回奶功效：

茄子有抑制乳汁分泌的功效，是妈妈回奶的好食物。

清炖鸽子汤

材料：

鸽子1只，山药1段，泡发黑木耳3朵，红枣3枚，枸杞少许，姜片、大葱段、料酒、盐、鸡精适量

制作方法：

1.将鸽子洗净，放入沸水中，加点料酒，去血，捞出，洗净。

2.放入姜片、大葱段、枸杞、红枣小火炖一个半小时。

3.将山药去皮，切滚刀块；泡发黑木耳洗净，撕小朵。

4.用筷子刺一下，鸽肉比较酥的时候，放入黑木耳。

5.改小火炖20分钟，放入山药块，炖到山药酥了，加入盐、鸡精调味即可。

回奶功效：

这道汤是民间流传妈妈回奶的一道好食物，可抑制乳汁分泌，促进伤口愈合，具有滋补强身，补肝肾，益气血的作用。

人工回奶法

人工回奶是指通过服用或注射雌激素类药物，使乳汁分泌减少以致全无的方式。人工回奶使用的药物及使用方法，妈妈可直接咨询医生。

回奶时妈妈可能出现消极情绪，如：烦躁、沮丧、易怒等，同时，还因乳汁郁积于乳房中，伴有乳房胀痛或有滴奶现象。此时，家人要及时给予妈妈最及时、最有效、最温馨的安慰，舒缓妈妈的不良情绪，帮助妈妈顺利度过回奶期。

培养宝宝良好的饮食习惯

培养宝宝良好的饮食习惯要从辅食添加开始，不仅要训练宝宝的饮食规律，给宝宝创造安静的饮食环境，还要在固定的饮食地点进食。那么，在断奶时，应该如何培养宝宝良好的饮食习惯呢？

饮食方面

如果宝宝拒绝吃饭，父母不要强迫他进食，不能将吃饭变为一场战争。宝宝不吃饭，总是有原因的。在尊重宝宝的同时，妈妈应了解他不愿意进食的具体原因。如果是因为吃太多零食，妈妈就要控制他的零食摄取量了，如果是因为贪玩或被某一事物吸引而不愿意吃饭，可以给予适当的惩罚，如：到正常进餐之前，不让他吃任何零食。

随着宝宝颈部和背部肌肉逐渐成熟，当宝宝能够稳稳地坐在专属婴儿的高背椅上，手和嘴的配合以及协调性也有了一定的进步时，说明他已经具备了自己进食的基本能力。此时，妈妈可以为宝宝准备专属座椅和婴幼儿专用的餐具，创造宝宝自己进食的环境，鼓励宝宝自己进食。

在宝宝自己进食的过程中，爸爸妈妈要有耐心，如果宝宝能够顺利完成，不仅锻炼了宝宝的综合能力，还可以增强宝宝的自信心；如果宝宝暂时不能完成，爸爸妈妈可以慢慢训练宝宝。妈妈还可以邀请宝宝到餐桌上和家人共同进餐，大家一起享受美食，宝宝会受到感染，从而增加食欲。在进餐时，注意不要让宝宝成为全桌人关注的中心。

卫生方面

宝宝出生7个月后，肢体灵活性已经得到很大的进步，他的双手已经能够自由活动，有些宝宝已经能够很顺利地爬行，而且各种肢体动作已经开始具备较强的意识和目的性。因此，妈妈在这个时期要开始灌输宝宝个人卫生的意识。

在每次吃饭之前，妈妈可以提前5～10分钟，告诉宝宝要洗手吃饭，宝宝刚开始可能还不明白吃饭和洗手的关系，但是，妈妈每天的提醒和示范，可以让宝宝在习惯中养成饭前洗手的意识，培养宝宝良好的卫生习惯。

另外，宝宝在玩玩具的时候，经常会将玩具放到嘴里咬、舔，爸爸妈妈不要强行制止，因为这是他们认识世界、认识事物的一个途径，爸爸妈妈应该经常清洗宝宝的玩具，以免由于不卫生引发宝宝消化道疾病。

鼓励宝宝动手抓东西

宝宝7个月大后，手的动作也越来越灵活，想要自己动手的欲望也逐渐强烈，如：抢妈妈手中的勺子，自己动手抓食等。妈妈应该为宝宝的这些表现感到高兴，因为这是宝宝成长，想要表达自己意愿以及自立能力的表现。因此，在宝宝开始有这种表现的时候，妈妈应该鼓励宝宝，并为宝宝创造自己表现的机会。在给宝宝零食的时候，妈妈也可以鼓励宝宝自己动手抓，不仅可以训练宝宝手指的灵活性，还有利于宝宝智力的开发。

创造宝宝自己动手的环境，鼓励宝宝自己动手，不仅可以提高宝宝进食的兴趣，培养宝宝自己进食的意识，还能培养宝宝的自信心，锻炼他的独立能力。

纠正宝宝的挑食、厌食行为

宝宝7个月大后，表达自我的意识就更加强烈了，尤其是在饭桌上。有些宝宝对妈妈精心制作的断奶餐挑三拣四：只吃某一样食物，或者只吃几口就拒绝再吃……整个饭桌就像是一场以妈妈和宝宝为主角展开的持久战。为此，妈妈们常在喂食时使出浑身解数，就为了宝宝能多吃两口，保证营养均衡，身体健康成长。其实，宝宝挑食与妈妈的喂养方法有很大关系，妈妈们不妨试试下面这些方法，及时纠正宝宝的挑食、厌食行为。

丰富食物种类

为宝宝准备断奶餐的时候，妈妈应经常变换断奶餐的种类和口味。不同口味和颜色的断奶餐，能够从视觉和味觉上吸引宝宝的兴趣。如果每天都是同样的断奶餐，宝宝会因每天一成不变的食物而感到厌烦。相反，如果妈妈在菜色和口感上多做一些改变，不仅能满足断奶期宝宝的营养需求，还能吸引宝宝对食物的兴趣，提高宝宝的食欲。宝宝每餐断奶餐种类以2～3种为宜，这样有助于宝宝摄入均衡和丰富的营养，还有益于他消化和吸收。

及时鼓励和表扬

任何一个孩子都希望得到父母的表扬。爸爸妈妈的夸奖和鼓励，不仅可以激励宝宝下一次吃饭时能够表现更好，还能培养他的自信心。当宝宝在饭桌上有不错的表现时，妈妈一定要及时表扬他。在以后的进餐时间里，妈妈还可以以某一次宝宝的良好表现作为范例来激励宝宝，甚至还可以以比赛的形式来鼓励宝宝进餐。因此，爸爸妈妈千万不要忽视对宝宝的夸奖和鼓励。

父母要做好榜样

偏食不是天生的，很多宝宝之所以会偏食，大多都是受到家人的不良饮食习惯所影响的，如：父母对某一种蔬菜或水果表现出不喜欢甚至厌恶的情绪，那么，宝宝会在父母的影响下也讨厌这种蔬菜或水果。因此，培养宝宝不挑食的饮食习惯，首先，父母在饭桌上不要挑食，以免给宝宝造成某些菜不好吃的印象；其次，如果父母想让宝宝喜欢新鲜的水果和蔬菜，自己也要喜欢并常吃这些食物，如果确实不喜欢吃，也不要表现出来，在饭桌上直接给宝宝树立好的榜样。

控制宝宝的零食

吃饭前要控制好宝宝的零食摄取量，特别是在饭前1小时内。因为零食吃多了，会影响宝宝正餐时的食欲。虽然控制宝宝饭前的零食是必须的，但并不是说要禁止宝宝吃零食，这样往往容易引起反效果，如：宝宝自己偷偷吃。在正常饮食之间添加零食喂养的宝宝比只吃正餐的宝宝，在营养方面来得更均衡一些。妈妈需要做的就是正确引导宝宝食用零食的时间、控制宝宝零食的摄取量以及帮宝宝制定健康的零食方案。

不要逼迫进食

很多父母以宝宝的健康为目的，从经验出发，经常逼迫孩子再多吃一口。其实，宝宝食量时大时小是很正常的，不应以宝宝哪次吃得多作为宝宝进食的标准。逼迫进食不仅容易损伤脾胃功能，导致营养不良，还容易伤害宝宝的心理健康，对进食产生恐惧感，如：有些宝宝可能会因为逼迫进食而造成看到食品就呕吐的现象。正确的喂食方法是：用几天的时间仔细观察宝宝的日均进食量，如果宝宝的进食量在平均值附近，身高体重也正常，就说明宝宝的生长发育正常，妈妈就不用为宝宝某天吃少而担心着急。

宝宝断奶之营养断奶餐问与答

问1：宝宝不爱用奶瓶，怎么办呢？

答：刚开始宝宝都不爱用奶瓶，特别是吃母乳的宝宝，因一直吃母乳，突然用奶瓶他是拒绝的。如果宝宝还较小，妈妈把奶瓶换一换，调节一下奶嘴的硬度及软度，或用针调整一下奶嘴眼的大小，慢慢让宝宝适应并接受；如果宝宝较大，妈妈可以直接用杯子给宝宝喝奶。

问2：比起断奶餐，宝宝还是很喜欢母乳，如何解决呢？

答：这时期母乳的营养已经不能满足宝宝的正常生长和发育需求了，所以断奶餐的添加还是非常重要的。宝宝肚子饿的时候是最有食欲的时候，准备一些他平时喜欢吃的食物，能够激发他对食物的兴趣。

问3：宝宝每次吃完了，还吵着要吃，吃得太多会不会把胃撑大？

答：吃过量的食物，会把胃撑得很大。因为胃就像个橡皮口袋，吃入的东西越多，它的容量就越大，习惯后需要的食物量也就增多了，无形中就增加了胃的负担。此外，宝宝吃过量的食物会营养过剩，造成肥胖，这不利于宝宝的健康成长。因此，如果宝宝已经吃饱了，妈妈可以转移宝宝的注意力，以免宝宝吃得太撑。

问4：宝宝每次吃有蔬菜的断奶餐，总是吐出来怎么办？

答：有些宝宝确实不大爱吃蔬菜，主要是因为蔬菜的味道不合口或有特殊的味道造成的。由于蔬菜含有丰富的维生素、纤维素以及矿物质等营养物质，对宝宝的生长发育极为有益，所以还是要给宝宝吃蔬菜类的断奶餐。在制作断奶餐时，妈妈可将蔬菜和宝宝喜欢吃的食物放在一起制作，或者把蔬菜剁成馅，制作成带馅儿食物，如：包子、饺子等。

问5：断奶餐吃得好好的，为什么宝宝有时会出现呕吐现象？

答：正在断奶的宝宝，食道和胃连接处的肌肉尚未完全发育，所以胃中的食物很容易吐出去，特别是胃被食物和空气填满时会呕吐。如果一次性吃太多或饭后嗝打不上来时都会引起呕吐。食用断奶餐后，妈妈要将宝宝放在膝盖上，让宝宝的上身比下身高一些，然后轻轻拍打宝宝的后背让宝宝打嗝。

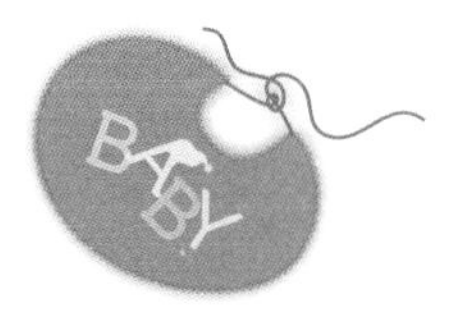

问6：开始喂断奶餐后，宝宝便秘了，这该怎么办呢？

答：刚开始喂宝宝断奶餐，他的便便会变得比较干，并且放屁次数增加，放的屁也比较臭。这是因为肠道在吸收新物质时，所需时间增加而导致的现象，多喂宝宝一些含纤维素较多的蔬菜和水果就可以解决了。如果便便中带血，就要带宝宝到医院检查治疗了。

问7：宝宝吃得少，但也不见瘦，正常吗？

答：只要宝宝精神状态不错，眼睛灵活有神，活泼好动，并且生长发育指标正常，吃得少一点是没有关系的。任何宝宝的进食量都是波浪形的，可能有一段时间非常好，而有一段时间不爱吃东西。如果宝宝各项生长指标都处于正常状态，妈妈就不要过于在意，可以给宝宝多吃点蔬菜、水果，变换食物口味，让宝宝调整一下。

问8：喂断奶餐应该每次让宝宝吃几种食物？

答：每一餐让宝宝吃多种食物是不大可能的，可以将主食和主菜或主食和营养汤搭配好一起吃，但是要不断变换食物的种类。也就是说，妈妈可以将宝宝所吃的食物进行合理搭配，只要在一两天内达到营养均衡即可，如：中餐偏重主食，晚餐就可以多吃些青菜。

宝宝营养断奶餐食谱

主食类

粥仍然是这个阶段宝宝的主食，不过，宝宝现在的消化能力、咀嚼能力有了一定的发展，因此，在粥里面可以加更多的配菜，训练宝宝的咀嚼能力。面食这个时候也可以进入宝宝的食谱，在准备面食时，妈妈可荤素搭配以满足宝宝的营养需求。此阶段，宝宝的舌头已经有了搅拌食物的功能，也慢慢显示出了自己的个人饮食爱好，可以在食物中逐渐添加少许调料，以丰富食物的口味。

杏仁粥

材料：

甜杏仁10克，粳米50克

制作方法：

1.洗净甜杏仁，去皮去尖，捣碎备用。

2.将粳米洗净，加适量水，和杏仁碎一起倒入锅中，慢火煮烂即可。

好妈妈喂养经

杏仁含有丰富的蛋白质、脂肪、糖类、胡萝卜素、多种维生素以及微量元素等，能够补充宝宝身体所需的多种营养。杏仁中含有的不饱和脂肪酸，还能促进大脑神经细胞的生长，提高宝宝的记忆力。

小米香菇粥

材料：

小米50克，香菇20克，鸡肉20克

制作方法：

1.小米洗净，加水浸泡30分钟；香菇择洗干净，切小片。

2.鸡肉洗净，切片，过水后剁成肉末。

3.将小米连水倒入锅中，放入香菇片、鸡肉末，用小火煮至粥熟烂即可。

好妈妈喂养经

小米可健脾胃；鸡肉能增强体力、强壮身体；香菇有健脾胃、助食的作用。这三者营养丰富，混合熬煮，不仅能补充宝宝身体所需的营养，还能增强宝宝的免疫力。

鲜莲藕粥

材料：

鲜藕50克，大米50克，熟虾仁2粒，葱花少许

制作方法：

1.大米洗净，浸泡30分钟；鲜藕浸泡，洗净，去皮切成薄片。

2.大米与藕片一起放入锅中，加适量水熬成粥。

3.粥熟烂后，放熟虾仁撒葱花即可。

好妈妈喂养经

虾仁营养丰富，是健脑益智的好食材，放上虾仁和葱花，色彩鲜艳丰富，会让宝宝更有食欲。煮熟的藕性味甘温，具有健脾开胃，益血补心的作用，对宝宝便中带血，食欲不振等症状有一定的缓解作用。

鹌鹑蛋粥

材料：

鹌鹑蛋3个，大米50克

制作方法：

1.大米洗净，用水浸泡30分钟。

2.鹌鹑蛋磕入碗内，打好蛋黄。

3.将泡好的大米倒入锅中，加适量水熬煮。

4.待粥将熟时，倒入打好的蛋液，搅拌均匀即可。

好妈妈喂养经

鹌鹑蛋含有丰富的卵磷脂，是高级神经活动必不可少的营养物质，能促进宝宝脑部发育，是增强脑部活动的重要物质，有益智健脑的作用。

猪肝蔬菜粥

材料：

猪肝15克，菠菜10克，大米50克

制作方法：

1.猪肝洗净，切成块状，放入碗中，倒入水，水要没过猪肝，浸泡1～2小时，再放入锅中蒸15分钟，取出，碾成泥。

2.菠菜择洗干净，在开水中烫一下，捞出后切成碎末。

3.将大米煮成粥，下猪肝泥和菠菜末煮熟烂即可。

好妈妈喂养经

猪肝具有补肝养血、明目的作用；菠菜含有丰富的维生素，也有明目补血的作用；二者搭配食用，营养价值更高。宝宝食用菠菜猪肝粥，可以预防贫血、夜盲症；还可以促进人体的新陈代谢，对生长发育极为有益。

鸡蛋胡萝卜粥

材料：

鸡蛋1个，胡萝卜10克，大米50克，高汤适量

制作方法：

1.大米洗净，用水浸泡30分钟；胡萝卜洗净后去皮，切丁备用。

2.鸡蛋煮熟后取蛋黄，将其碾成泥状。

3.将大米和胡萝卜丁放入锅中，加适量高汤，熬煮成粥。

4.粥煮至八成熟后，下蛋黄泥，再煮10～15分钟即可。

好妈妈喂养经

蛋黄中含有宝宝生长发育所需的铁；胡萝卜中的胡萝卜素在肠和肝脏中可转化为维生素A，不仅可以保护眼睛，还可以促进宝宝生长发育，增强抵抗力。

鸭肝蔬菜粥

材料：

鸭肝15克，香米50克，青菜1棵

制作方法：

1.鸭肝洗净后切片，放入碗中，倒入水，水要没过鸭肝，浸泡1～2小时，再放入锅中蒸15分钟，取出，碾成泥；青菜洗净切成碎末。

2.香米洗净，浸泡1小时备用。

3.将泡好的香米倒入锅中，加入适量的水，慢火煮成稠状。

4.待粥八成熟时，将鸭肝泥和青菜碎末一同放入粥内，煮至熟烂即可。

好妈妈喂养经

鸭肝中含有丰富的蛋白质、铁、钙、碳水化合物等营养元素，有预防缺铁性贫血的作用；青菜中含有丰富的维生素和微量元素。这道粥不仅色美味香，能引起宝宝的食欲，还能补充宝宝身体所需的营养，促进其成长发育。

胡萝卜土豆粥

材料：

胡萝卜20克，土豆20克，香米50克，高汤适量

制作方法：

1.将胡萝卜、土豆洗净，去皮，切小块；香米洗净，浸泡，备用。

2.将备好的胡萝卜块、土豆块倒入高汤中煮熟，捞出后捣成泥。

3.将浸泡好的香米用高汤慢熬成粥，加入胡萝卜泥、土豆泥，搅拌均匀即可。

好妈妈喂养经

胡萝卜、土豆都是制作断奶餐的好食材，含有丰富的维生素，跟大米一起用高汤熬煮成粥，不仅颜色鲜艳，能引起宝宝的兴趣，而且营养丰富，宝宝食用，能够提高免疫力。

西蓝花苹果粥

材料：

西蓝花20克，苹果半个，大米50克

制作方法：

1.大米洗净，浸泡30分钟。

2.西蓝花洗净，取花部分，用开水烫一下，研碎。

3.苹果洗净、去皮，磨成泥。

4.将大米熬煮至八成熟后，放入西蓝花末和苹果泥煮至熟烂即可。

好妈妈喂养经

西蓝花比一般的蔬菜营养丰富，具有健胃消食的作用；苹果也富含多种营养，它特有的香味还能提神醒脑。将这两种材料和大米混熬成粥，营养丰富，且更易消化吸收。

鸡肉虾仁粥

材料：

鸡脯肉30克，虾仁15克，大米50克，盐少许

制作方法：

1.鸡脯肉切丝，过水后剁成碎末备用。

2.虾仁从侧面片开，用开水烫一下，切成碎粒。

3.将大米洗净浸泡之后，加适量水，用大火熬煮。

4.水开后，放入鸡肉末和虾仁粒煮至大米熟烂，加少许盐调味即可。

好妈妈喂养经

鸡肉中的蛋白质含量较高，易被人体吸收，能增强体力，强壮身体。虾仁所含的钾、碘、镁、磷等微量元素以及维生素A、氨茶碱等成分丰富，对宝宝的身体发育非常有益。

虾仁肉末粥

材料：

基围虾5只，芹菜2根，猪瘦肉50克，大米50克，盐少许

制作方法：

1.将大米洗净，浸泡后，倒入锅中，加水煮粥。

2.基围虾去壳、抽掉泥线，取虾仁；芹菜洗净，切末；猪瘦肉过水剁碎，备用。

3.粥煮至七成熟后，加入虾仁和肉末，煮熟后加入少许盐，再加入芹菜末，搅拌均匀即可。

好妈妈喂养经

虾肉质软嫩、味道鲜美，富含蛋白质、钙等营养物质，营养价值极高，能增强宝宝的免疫力。猪瘦肉也富含多种营养元素，其中含有的锌能促进宝宝的味觉发育，亚铁离子可增加红细胞携带氧分子的能力，能促进宝宝的大脑发育。

鱼松菠菜粥

材料：

鱼松30克，菠菜20克，大米50克，盐少许

制作方法：

1. 大米洗净后，加适量水，煮成稠粥；菠菜择洗干净，放入开水中烫一下，切成碎末。

2. 将菠菜末、鱼松放入粥中，稍煮，然后加少许盐搅拌均匀即可。

好妈妈喂养经

此粥黏稠，味道鲜美，色味俱佳，富含优质蛋白质、碳水化合物及钙、铁、磷和维生素等，是补充蛋白质和钙质的良好来源。宝宝食用后，有助于生长发育。

花生红枣粥

材料：

花生米20粒，红枣3枚，大米50克，白糖少许

制作方法：

1. 花生米洗净，与红枣煮烂，再将红枣去皮、去核，与煮熟的花生米一起碾成泥，备用。

2. 将大米洗净煮成稀粥，加入红枣花生泥和少许白糖，搅拌均匀即可。

好妈妈喂养经

花生和红枣都有补气补血的作用。其中，花生所含的谷氨酸和天冬酸能促进宝宝脑细胞的发育，具有增强宝宝记忆力的作用，是很好的健脑益智食材。

山药糙米粥

材料：

山药30克，糙米50克

制作方法：

1.将糙米洗净，浸泡，备用。

2.山药去皮，洗净切丁。

3.将泡好的糙米和山药丁一起放入熬煮，至米烂汤稠即可。

好妈妈喂养经

糙米中蛋白质、脂肪、维生素含量都比较多，能促进血液循环、胃肠蠕动，提高机体的免疫功能；山药有健脾养胃的功效。两者合成此粥，味美、润滑，是宝宝断奶餐的理想选择。

牛奶玉米粥

材料：

牛奶250毫升，玉米粉50克，鲜奶油10克，黄油5克，盐、碎肉、豆蔻各少许

制作方法：

1.将牛奶倒入锅内，加入少许盐和碎肉、豆蔻，用文火煮开后，加入玉米粉，用勺子不断搅拌，直至变稠。

2.将粥倒入碗内，加入黄油和鲜奶油，调匀，晾凉后即可喂食。

好妈妈喂养经

此粥浓香可口，含有非常丰富的优质蛋白质、脂肪、维生素以及钙、磷、铁等营养元素，不仅可以增强宝宝的免疫力，还能促进宝宝的生长发育，让宝宝既健康又聪明。

胡萝卜肉泥粥

材料：

熬好的白粥1小碗，玉米半根，胡萝卜1小段，瘦肉50克

制作方法：

1.将玉米和胡萝卜分别刨成蓉（玉米芯不要），把瘦肉剁成肉泥。

2.将白粥煮开，先放入玉米蓉煮3分钟后，再加入瘦肉泥和胡萝卜泥，煮至胡萝卜松软即可。

好妈妈喂养经

玉米纤维含量高，营养丰富，可防治宝宝便秘。胡萝卜能提供丰富的维生素A，可预防宝宝呼吸道感染，还能促进宝宝视力发育。

瘦肉核桃黑米粥

材料：

瘦肉末20克，核桃仁20克，黑米50克

制作方法：

1.将核桃仁、黑米洗净备用。

2.将核桃仁研碎，待水烧开后，下核桃仁、黑米和瘦肉末。

3.水开后转小火，熬成稠粥即可。

好妈妈喂养经

黑米中不仅含有丰富的锌、铜、锰等矿物质，还含有大米中所缺乏的维生素C、叶绿素、胡萝卜素等营养元素；核桃仁中含有较多的蛋白质及人体营养必需的不饱和脂肪酸，能滋养宝宝的脑细胞，增强脑功能。

牛肉蔬菜燕麦粥

材料：

牛肉10克，菠菜1棵，胡萝卜1/3根，大米10克，燕麦1/3杯

制作方法：

1.大米洗净浸泡，菠菜洗净去泥根。

2.胡萝卜洗净去皮，入开水中煮五分钟，下牛肉再煮两分钟熄火，冷却。

3.将所有材料切碎，大米煮粥。

4.粥至五成熟时下其他材料，熬熟烂，调味即可。

好妈妈喂养经

牛肉富含丰富的蛋白质，能有效提高机体免疫力；燕麦也含有丰富的营养成分。这道粥菜色鲜艳，能激发宝宝的食欲，而且营养丰富，能满足宝宝快速生长的需求。

黄金小窝头

材料：

玉米面300克，豆浆适量

制作方法：

1.玉米面倒入盆中，逐渐加温豆浆揉和均匀，使面团柔韧有劲。

2.面团揉匀搓成圆条，再摘成一个个小面团，取面团揉成圆锥形。

3.将做好的窝头放入笼屉，用旺火蒸20分钟即可。

好妈妈喂养经

用玉米粉做窝头，纤维素含量很高，能刺激胃肠蠕动，可防治便秘、肠炎等病症。豆浆中的纤维有吸水性能，含有的卵磷脂会让窝头变软，这样制作的窝头既美味，又可以促进大脑发育，是宝宝益智食物的好选择。

肉丝拌面

材料：

面条50克，猪瘦肉30克，高汤适量，香菜、淀粉、葱及调料各少许

制作方法：

1.猪瘦肉洗净切细丝，入开水锅烫熟；面条煮熟，用开水泡上；香菜切碎。

2.淀粉放入碗中，加酱油、盐，倒入高汤，入锅调成芡汁。

3.面条盛入碗中，放入猪瘦肉丝、香菜末，淋上香油和芡汁拌匀即可。

好妈妈喂养经

肉丝拌面，不仅色彩搭配好，而且味美爽口，能够诱起宝宝的食欲。这道菜中还含有丰富的蛋白质、磷、钙、糖类等营养元素，能够补充宝宝生长发育所需的营养。

肉丝炒面

材料：

牛肉50克，胡萝卜20克，黄瓜1根，乌冬面100克，高汤、葱、蒜、调料各少许

制作方法：

1.将乌冬面煮熟，捞出后沥干；黄瓜、胡萝卜、牛肉洗净，切丝备用。

2.油入锅，爆香葱段、蒜末，加入胡萝卜丝、牛肉丝、黄瓜丝，炒至八成熟后加入乌冬面、高汤、盐和酱油，继续炒至汤汁收干为止。

好妈妈喂养经

牛肉含有大量的蛋白质、脂肪、铁、B族维生素以及多种有机化合物；胡萝卜含有丰富的胡萝卜素以及其他营养元素，这些都是宝宝成长中不可缺少的营养成分。

番茄肉酱面

材料：

龙须面50克，猪肉馅50克，番茄1个，洋葱末、高汤各适量

制作方法：

1.猪肉馅烫熟；番茄去皮后切小丁状。

2.将龙须面煮熟，捞出，沥干。

3.将猪肉馅、洋葱末、番茄丁加入高汤，炖成番茄肉酱。

4.把肉酱浇在晾凉的面条上即可食用。

好妈妈喂养经

这道酱面营养丰富，颜色诱人。洋葱中含有一种硫化物，能够促进消化、软化血管，减少血液中的油脂，还能促进宝宝吸收维生素B_1。

奶香三鲜面

材料：

龙须面50克，火腿20克，青菜1棵，香菇20克，牛奶20毫升，高汤200毫升，调料少许

制作方法：

1.火腿切成小丁状；青菜洗净，切成丝；香菇浸泡，洗净，切成丝。

2.将火腿丁、青菜丝、香菇丝和准备好的高汤一起倒入锅中，大火煮沸。

3.放入龙须面，煮至熟烂后加入少许盐，淋上牛奶搅拌均匀即可。

好妈妈喂养经

面条可以为宝宝提供身体发育所需的蛋白质、脂肪、糖类等营养，而且易于消化，搭配多种食材，可以给宝宝提供更均衡的营养。牛奶含钙丰富，和面条一起搭配，可以促进宝宝大脑和骨骼的发育。

火腿凉面

材料：

凉面50克，火腿20克，黄瓜20克，绿豆芽20克，调料少许，番茄酱适量

制作方法：

1.将凉面煮熟后捞出，沥干；绿豆芽用开水焯熟；火腿、黄瓜切丝备用。

2.番茄酱加入盐及少许凉开水搅匀。

3.将火腿丝、绿豆芽、黄瓜丝和番茄酱与凉面搅拌在一起，即可食用。

好妈妈喂养经

这道凉面不仅营养丰富，而且色彩鲜艳，能够引起宝宝的注意。此外，它的口感清凉，可以让宝宝胃口大开，很适合在夏季给宝宝食用。

鱼汤面

材料：

鱼肉50克，白萝卜20克，面条50克，葱花、姜丝、蒜蓉及调料各少许

制作方法：

1.将鱼肉和白萝卜洗净，分别切片。

2.油入锅，爆香葱花、姜丝、蒜蓉，下鱼肉片稍煎，加适量水，中火煮10分钟左右，撇去浮沫，加入白萝卜片和少许盐，中火煮至白萝卜熟透，再下面条煮熟即可。

好妈妈喂养经

用鱼肉汤煮面不仅味道鲜美，而且营养丰富，可以补充宝宝生长发育中所需的蛋白质、无机盐以及维生素等多种营养素。其中的白萝卜含有芥子油和精纤维，可以促进肠胃蠕动，有助于宝宝消化。

牛肉河粉

材料：

河粉50克，牛肉片10克，小白菜1棵，高汤150毫升（3/4杯）

制作方法：

1.小白菜洗净，切成段和牛肉片入开水锅中烫一下。

2.锅内的开水倒掉，加入高汤，烧开后，放入河粉、牛肉片，煮到九成熟时，加入小白菜段，煮熟后即可食用。

好妈妈喂养经

河粉制作的主要材料是大米，用河粉制作面食让宝宝食用，不仅口感较好，而且不容易上火，还能补充宝宝身体所需的蛋白质。给宝宝食用牛肉时，妈妈可以按照牛肉的纹理，将牛肉撕成细丝。

黄鱼小馅饼

材料：

黄鱼肉100克，鸡蛋1个，牛奶50克，葱头、淀粉、调料各少许

制作方法：

1.将黄鱼肉洗净，剁成泥；葱头去皮，洗净，切末。

2.将鱼泥放入碗内，加葱头末、牛奶、盐、淀粉，搅成稠糊状有黏性的鱼肉馅。

3.油入锅，将鱼肉馅煎至两面金黄。

好妈妈喂养经

黄鱼中含有丰富的优质蛋白质、脂肪、钙、磷、铁、锌及维生素A、维生素B_1、维生素B_2、维生素C、维生素E和尼克酸等多种营养素，是宝宝可口的营养美食。

宝宝营养断奶餐食谱

菜肴类

宝宝可以吃一些松软的稀饭和面食了，这个时候，妈妈可以制作一些可供宝宝作为配菜的食物，均衡宝宝的营养。宝宝对颜色鲜艳的食物比较有兴趣，妈妈可以将蔬菜和肉类一起搭配，不仅颜色可观，营养也更全面。在做这些菜肴时，妈妈可以加入少许的精盐，以加盐但尝不出咸味为宜。

花豆腐

材料：

豆腐50克，鸡蛋2个，小白菜1棵，淀粉、调料各少许

制作方法：

1.将豆腐煮一下，放入碗内研碎；小白菜洗净，用开水烫一下，切碎后放入碗内，加入淀粉、盐、香油搅拌均匀。

2.将豆腐泥做成方形，再把蛋黄研碎撒一层在豆腐泥表面，入蒸锅蒸10分钟即可。

好妈妈喂养经

这道菜形色美观，柔软可口，含有丰富的蛋白质，脂肪，碳水化合物及维生素B_1、维生素B_2、维生素C和钙，磷，铁等矿物质。豆腐柔软，易被消化吸收，鸡蛋黄含铁丰富，对提高婴儿血色素极为有益。

果汁白菜心

材料：

白菜心150克，甜红椒30克，香菜1棵，苹果汁适量，白糖、盐各少许

制作方法：

1.将洗净的白菜心、甜红椒、香菜洗净，切成细丝，用盐腌20分钟。

2.控出盐水，加入苹果汁、白糖、搅拌均匀，放冰箱冷藏数小时即可。

好妈妈喂养经

白菜中含有丰富的粗纤维，不但能起到润肠、促进排毒的作用，还能刺激肠胃蠕动，加强宝宝的消化功能；白菜中还含有丰富的维生素C、维生素E。多吃白菜，可以增强宝宝的免疫能力。如果宝宝有腹泻的状况，应避免食用白菜。

西蓝花炖牛奶

材料：

西蓝花50克，牛奶2大匙，盐少许

制作方法：

1.西蓝花洗净，沥干水分备用。

2.锅中倒入1碗清水煮开，加入西蓝花煮至熟软，捞起，切碎。

3.另起一锅，倒入牛奶煮滚，再加入西蓝花煮开，放盐调味即可。

好妈妈喂养经

西蓝花焯水再烹调，不仅可保持颜色青绿，还有益于宝宝消化和吸收。西蓝花所含维生素种类齐全，营养价值高于其他蔬菜。用牛奶炖西蓝花，不仅味道鲜美，还能补充宝宝身体、大脑发育所需的营养。

香煎土豆片

材料：

土豆150克，原味沙拉、植物油各少许

制作方法：

1. 土豆洗净，去皮，切成片，备用。

2. 锅中倒油，烧热后将土豆片倒入锅中，煎至双面焦黄起泡，淋上适量原味沙拉即可。

好妈妈喂养经

土豆片中富含多种人体所需的营养元素，可以给宝宝提供均衡的营养。香煎土豆片特别适合已出牙的宝宝，作为磨牙的零食食用。

煎番茄

材料：

番茄1个，面粉10克，芹菜5克

制作方法：

1. 芹菜洗净，焯水后切末，备用。

2. 将面粉放入锅内，烤成焦黄色。

3. 番茄用开水烫一下，剥皮后切薄片。

4. 将油放入锅中烧热，放入切成片的番茄稍煎，煎好后盛入盘内，撒上烤面粉和切好的芹菜末即可。

好妈妈喂养经

这道菜色香俱全，能够引起宝宝的食欲。面粉中也含有人体所需的蛋白质，番茄中含有钙、铁、锌等多种人体所需的矿物质，这些营养元素对宝宝大脑、身体发育都极为有益，其中的维生素C和胡萝卜素可以增强宝宝的抵抗力。

番茄牛肉

材料：

番茄1个，牛肉50克，姜、葱及调料各少许

制作方法：

1.将牛肉放在淡盐水中浸泡半小时后切成小块；番茄切成小丁。

2.锅中放适量水，下牛肉块煮30分钟。

3.烧油锅，下葱、姜爆香，放入番茄丁翻炒，倒入牛肉块和汤，放盐煮至肉烂汤浓即可。

好妈妈喂养经

这道菜中含有丰富的蛋白质和人体所需的维生素A，可以让宝宝的眼睛越来越明亮。番茄牛肉味道香甜可口，很适合宝宝的口味。

香椿芽拌豆腐

材料：

香椿芽100克，豆腐200克，调料少许

制作方法：

1.香椿芽洗净后用开水焯5分钟，挤出水切成细末。

2.把盒装豆腐倒出盛盘，加入香椿芽末、少许盐、香油拌匀即可。

好妈妈喂养经

此菜清香软嫩，含有丰富的大豆蛋白、钙质和胡萝卜素、维生素C等营养元素，不仅能够补充宝宝身体所需的营养，还可以提高宝宝身体的抵抗力。

清炒海带丝

材料：

水发海带200克，葱、姜、蒜以及调料各少许

制作方法：

1.将水发海带洗净后切成细丝；葱洗净切段，姜、蒜去皮洗净后切丝，备用。

2.油入锅，爆香姜丝、蒜丝，入海带丝猛火炒，再放入少许味精、酱油、醋、糖和香油翻炒，快出锅时撒上葱段即可。

好妈妈喂养经

海带的碘含量居食物之首，还含有胡萝卜素、蛋白质、脂肪、钙、铁、磷以及维生素等多种营养成分。海带性味寒、咸，有软坚散结、利水泄热、镇咳平喘等药效。夏天可多准备这道菜给宝宝吃。

桃仁蛋

材料：

桃仁5粒，鸡蛋1个，面粉少许

制作方法：

1.将桃仁用温水泡，去皮后入锅炒熟，装入碗中研碎。

2.在鸡蛋顶端轻敲一个洞，将桃仁末装入蛋内，用筷子搅拌均匀，用面粉加水封口，再用黄泥裹蛋，放入炭火中煨熟，去黄泥和蛋皮即成。如火煨有困难，也可用烧开的盐水熬煮。

好妈妈喂养经

桃仁为活血化瘀的常用中药，鸡蛋中所含的营养元素丰富，将两种材料混合成一道菜，不仅增加营养，还可减轻桃仁润肠轻泻作用。骨软易患佝偻病的宝宝食用桃仁蛋，有利于保健。

鸡蓉豆腐

材料：

鲜嫩豆腐30克，鸡肉50克，青菜丝、火腿丝各适量，淀粉、调料各少许

制作方法：

1.鸡肉剁成泥，加少许淀粉拌成鸡蓉。

2.豆腐用开水烫一下，在碗中捣成泥。

3.锅中油热后，先将豆腐泥在锅中翻炒，再放入鸡蓉，加上少许盐翻炒几下，然后撒上火腿丝和青菜丝炒熟即可。

好妈妈喂养经

豆腐中富含优质植物蛋白、钙质；鸡肉中富含优质动物蛋白；将豆腐和鸡肉一起制作鸡茸豆腐，营养价值很高，不仅能补充宝宝身体所需的营养，还能促进宝宝的骨骼发育。

猪肝圆白菜

材料：

猪肝泥10克，豆腐30克，煮过的胡萝卜碎20克，圆白菜叶1片，肉汤、淀粉各适量，盐少许

制作方法：

1.将圆白菜叶洗净后放开水中煮软；将豆腐捣成泥和肝泥混合，并加入胡萝卜碎和少许盐。

2.把肝泥豆腐放在圆白菜叶中间做馅，再将圆白菜卷起，用淀粉封口后放到肉汤内煮熟即可。

好妈妈喂养经

此菜含有宝宝成长发育所需的优质蛋白质、脂肪、钙、铁和维生素A、维生素B_1、维生素B_2、维生素C及胡萝卜素等多种营养素，宝宝食用能摄取多种营养。

火腿烧西蓝花

材料：

火腿20克，西蓝花100克，肉汤适量，调料少许

制作方法：

1.火腿切片；西蓝花洗好撕小朵，用开水焯一下。

2.油入锅，烧至七成热时，放入西蓝花翻炒片刻，炒至将熟时加少许盐和火腿片，加少量肉汤烧至菜熟即可。

好妈妈喂养经

西蓝花营养丰富，含有蛋白质、脂肪、磷、铁、胡萝卜素、维生素C、维生素A等营养元素，尤以维生素C丰富，每100克含88毫克，仅次于辣椒，是蔬菜中含量最高的一种；西蓝花质地细嫩，味甘鲜美，焯水后再炒，宝宝更容易消化。

紫菜虾皮蛋汤

材料：

紫菜30克，虾皮30克，鸡蛋1个，香菜及调料各少许

制作方法：

1.紫菜洗净，撕碎，浸泡；虾皮、香菜洗净；取蛋黄，用打蛋器打匀。

2.锅内放适量水烧开，下虾皮、紫菜，大火烧开后淋上蛋黄液，加少许盐调味，滴几滴芝麻油，放入香菜即可。

好妈妈喂养经

虾皮含钙丰富，蛋黄中也含有丰富的营养，如：钙、铁等营养元素。这道汤不仅能给宝宝补充身体发育所需的多种营养，还可以有效预防佝偻病，促进宝宝生长发育。

碎菜牛肉

材料：

牛肉50克，胡萝卜半根，番茄30克，葱头15克，黄油10克

制作方法：

1.牛肉洗净后加水煮熟，切碎；胡萝卜洗净、切碎、煮软；葱头去皮洗净切碎；番茄去皮切丁。

2.将黄油放入锅内，烧热后调中火，放入葱头末，翻炒均匀，再下胡萝卜末、番茄丁、碎牛肉，至熟烂即可。

好妈妈喂养经

碎菜牛肉营养丰富，富含优质蛋白、维生素C、胡萝卜素、维生素B_1、维生素B_2和钙、磷、铁、硒等多种营养素，宝宝食用，能获得较全面的、有助于生长发育的营养素。

茄泥肉末

材料：

茄子1个，肉末50克，蒜末、调料各少许

制作方法：

1.锅中加水，茄子放入锅中，大火烧煮，茄子煮熟后，去皮压成茄泥。

2.锅中放入适量植物油，油热后将肉末烧熟，再下入茄泥混炒几下，加蒜末以及少许盐调味即可。

好妈妈喂养经

茄泥中含有丰富的蛋白质、碳水化合物，还含有较多的维生素A、维生素C、维生素D及多种矿物质，与肉末混炒后，更是清香利口，营养丰富，有助于宝宝补充多种营养。

肉末番茄豆腐

材料：

猪瘦肉50克，番茄1个，豆腐100克，淀粉、葱、姜及调料各适量

制作方法：

1.将猪瘦肉洗净，剁成肉末；豆腐切成小方丁；番茄洗净，去皮，切小丁。

2.锅入油烧热，爆香葱、姜，随即下猪肉末，炒后盛入盘中备用。

3.用余油快炒番茄丁，下豆腐丁，加少许盐，再下肉末炒熟，用淀粉勾芡。

好妈妈喂养经

番茄中富含胡萝卜素、尼克酸、维生素等营养元素，还含有少量苹果酸、柠檬酸、番茄碱、蛋白质、脂肪、糖类、粗纤维、钙、磷、铁等。这道菜不仅味道色香鲜美，还能补充宝宝身体发育所需的多种营养。

茄汁虾仁

材料：

虾仁100克，熟青豆5克，番茄1个，调料少许

制作方法：

1.将番茄洗净，去皮，切小丁。

2.虾仁洗净后放入碗内，加盐搅拌均匀。

3.将油倒入锅中，油温至五六成热时放入虾仁，滑散后捞出。

4.原锅留余油，放番茄丁煸炒后，再将虾仁与熟青豆倒入锅中，加料酒、盐翻炒几下，淋上麻油即可。

好妈妈喂养经

这道菜营养丰富，味道鲜美，既有健脾开胃的作用，还可以为宝宝补充身体、大脑发育所需的维生素以及微量元素。

红烧牛肉膏

材料：

牛肉糜150克，洋葱半个，鸡蛋2个，番茄沙司25克，调料少许

制作方法：

1.牛肉糜中加入鸡蛋、料酒、淀粉调匀，上蒸笼蒸30分钟，蒸熟后切小块。

2.洋葱切丝，放油煸炒爆香，加入番茄沙司。

3.将蒸好的肉块与爆香的番茄沙司拌匀，勾薄芡后起锅即可。

好妈妈喂养经

牛肉中含有丰富的蛋白质、锌、铁、磷等多种矿物质，营养价值很高；洋葱能健胃杀菌，可提高宝宝在春季里的抗病能力。这道菜色泽红亮，味道鲜美，肉质嫩滑，很适合宝宝的口味。

丝瓜木耳

材料：

丝瓜1条，水发木耳30克，蒜、淀粉、调料各少许

制作方法：

1.丝瓜刨皮洗净后切片；水发木耳洗净切小片；蒜切细末。

2.热锅入油，投入丝瓜片和木耳片煸炒，将熟时放入蒜和少许盐，淋入稀薄的水淀粉，翻炒片刻即可。

好妈妈喂养经

丝瓜中B族维生素和维生素C含量比较高，不仅有利于宝宝大脑发育，还可以增强宝宝的抵抗力。另外，丝瓜木耳还具有补血、清暑解毒、通便化痰等功效。

宝宝营养断奶餐食谱

汤类

由于宝宝的消化系统尚未完全发育成熟，并且咀嚼功能也未发育成熟，因此，很多食物都在宝宝的食谱之外。但是，有些食物中的营养又是宝宝身体发育所必需的，此时，汤类食物就成为妈妈的首选了。给宝宝煲汤、煮汤，不仅易消化，还可以根据宝宝的身体需要有针对性地选择食材，如：增强体质的、补钙的、抵抗疾病的等，有益于宝宝健康成长。

小白菜胡萝卜汤

材料：

小白菜50克，胡萝卜50克，肉末30克，盐少许

制作方法：

1.小白菜洗净，切段；胡萝卜去皮洗净，切小块；肉末用少许盐拌匀。

2.烧油锅，下肉末炒散，再下胡萝卜块，翻炒5分钟，加适量水煮开，转小火煮10分钟，然后放入小白菜段，调味即可。

好妈妈喂养经

这道汤营养丰富，清淡爽口，很适合给宝宝食用。小白菜是蔬菜中含矿物质和维生素最丰富的蔬菜之一，它含有丰富的钙和维生素C，宝宝吃了对身体有益；胡萝卜也含有多种营养成分，也很适合宝宝吃。

翡翠白玉汤

材料：

生菜50克，胡萝卜50克，豆腐50克，高汤适量，盐少许

制作方法：

1.生菜洗净，切小段；胡萝卜洗净，切片；豆腐冲洗，切片状。

2.将高汤煮沸后，加入准备好的生菜段、胡萝卜片和豆腐片，煮熟加少许盐调味即可。

好妈妈喂养经

新鲜的生菜、胡萝卜含有多种维生素、粗纤维以及微量元素，是宝宝成长过程中必需的营养；豆腐中的蛋白质、钙、磷等能补充宝宝骨骼发育所需的营养，及时补充有利于宝宝健康成长。

菠菜肉末汤

材料：

菠菜100克，猪瘦肉30克，淀粉、调料各少许

制作方法：

1.将菠菜洗净，用开水稍微烫一下，切碎；猪瘦肉洗净后剁成肉末，备用。

2.烧油锅，下瘦肉末煸炒几下，加入适量水，煮开后倒入菠菜碎，稍煮片刻，用淀粉勾芡，加少许盐调味即可。

好妈妈喂养经

这道汤软烂味美，含有丰富的营养，能为宝宝提供充足的矿物质、蛋白质、维生素等多种营养元素，是宝宝健康成长的好选择。汤中的菠菜，妈妈也可以选用其他绿色蔬菜代替，为宝宝提供多样化的营养美食。

薏米南瓜汤

材料：

绿豆20克，薏米20克，南瓜50克，白糖少许

制作方法：

1.将南瓜去皮、去瓤，洗净，切成小块。

2.锅中放适量水，放入绿豆和薏米同煮。

3.待绿豆酥软后，放入切好的南瓜块，再煮10分钟，加少许白糖搅拌均匀即可。

好妈妈喂养经

此汤适合宝宝夏季饮用。汤中含有较多的B族维生素和丰富的膳食纤维。南瓜营养丰富，含有淀粉、蛋白质、胡萝卜素、B族维生素、维生素C和钙、磷等成分。烹饪此汤时，妈妈可将南瓜切成各种形状，增加宝宝的兴趣。

米团汤

材料：

米粉10克，米饭50克，胡萝卜5克，柿子椒5克，清汤适量，盐少许

制作方法：

1.将米饭和米粉搅在一起，揉成米团。

2.将胡萝卜和柿子椒洗净切碎丁。

3.将胡萝卜丁和柿子椒碎丁同清汤同煮，煮熟后加入米团煮沸，加少许盐调味即可。

好妈妈喂养经

此汤加入柿子椒能促进肠蠕动，有助消化，能提高宝宝的食欲。这道汤中含有丰富的蛋白质、磷、铁、钙、锌和维生素A、维生素C，能补充宝宝生长发育和大脑发育需要的营养物质，帮助宝宝健康、聪明地成长。

鲜鸡汤

材料：

鸡肉50克，姜1片

制作方法：

1.将鸡肉洗净，切块，过水。

2.锅内加适量水，放入鸡块和姜片煮沸，小火煮10分钟撇去鸡油，待鸡肉煮烂，取汤喂食即可。

好妈妈喂养经

鸡汤清香鲜甜，营养丰富又美味。鸡汤中含有蛋白质、脂肪和无机盐，可以提高宝宝的免疫力。鸡肉蛋白质的含量较高，种类多，很容易被人体吸收利用，有增强体力、强壮身体的作用。

白萝卜鲫鱼汤

材料：

鲫鱼100克，白萝卜50克，盐少许，葱、姜、植物油各适量

制作方法：

1.将鲫鱼洗净，白萝卜去皮切丝，葱洗净切段，姜去皮切丝。

2.油入锅，将鲫鱼双面稍煎出香味，加入适量水，下白萝卜丝和姜丝，水开后文火炖煮1小时，锅中汤汁为乳白色时，调味，撒入葱段即可。

好妈妈喂养经

鲫鱼肉质细嫩，肉味鲜美，营养价值很高，用它烹煮的汤不仅味香汤鲜，还含有脂肪、钙、磷、锌、维生素、蛋白质等丰富的营养物质，有助于促进宝宝的身体发育和大脑发育。

虾皮丝瓜猪肝汤

材料：

丝瓜100克，虾皮10克，猪肝30克，葱花、姜丝、调料各少许

制作方法：

1.丝瓜去皮、去瓤，切成段；虾皮用清水浸泡；猪肝洗净加料酒和适量清水浸泡1小时后切片。

2.烧油锅，加姜丝、葱花炒香，下猪肝片略炒，再加虾皮和适量水，烧开后下丝瓜段，煮3~5分钟，加盐调味即可。

好妈妈喂养经

此汤味道鲜美，营养丰富。丝瓜性凉，有通络的作用；虾皮含钙丰富；猪肝中含有丰富的维生素D，可促进钙的吸收。这道汤能起到通络行血、补钙强骨的功效，有利于宝宝的牙齿发育，可防治佝偻病。

番茄猪肝汤

材料：

猪肝30克，番茄半个，盐少许

制作方法：

1.番茄洗净，划十字，放入开水中烫一下，剥皮并切碎；猪肝洗净，浸泡后切碎，备用。

2.将切碎的猪肝放入锅内，加适量水，煮开后再加入番茄碎，待番茄煮烂后再加少许盐调味即可。

好妈妈喂养经

动物肝脏中含有丰富的蛋白质、维生素、微量元素和胆固醇等营养物质，对促进宝宝的生长发育，维持身体健康都有一定的益处。此外，食用肝脏还可以防治某些疾病，如：角夜盲症、角膜炎等因缺乏维生素A导致的眼病。

海带蛋丝豆腐汤

材料：

海带20克，鸡蛋1个，豆腐30克，高汤适量，调料少许

制作方法：

1.海带洗净切小段；豆腐冲洗切小丁；鸡蛋磕入碗中，取蛋黄打散，上油锅煎成蛋皮，晾凉后切成细丝。

2.将高汤烧开，加入蛋丝、海带段和豆腐丁，大火煮开后，转小火煮2分钟左右，加入少许盐调味即可。

好妈妈喂养经

豆腐能补充人体所需的优质蛋白、维生素E、钙、铁等，其含有的多种皂角苷能阻止过氧化脂质的产生，促进脂肪分解。但皂角苷又可促进碘的排泄，容易引起碘缺乏，而海带富含碘，豆腐配海带，是很科学的膳食搭配。

豆腐芙蓉汤

材料：

鸡蛋1个，高汤适量，豆腐1/2块，香菜、香油、盐各少许

制作方法：

1.将鸡蛋磕破，取蛋黄打散；豆腐洗净，切小块备用。

2.将高汤倒入锅内，汤开后，投入豆腐块，淋上蛋液，加少许盐调味，撒上香菜叶，滴几滴香油即可。

好妈妈喂养经

此汤中含有丰富的卵脂类营养物质，这是大脑发育必需的营养物质。豆腐营养丰富，含有铁、钙、磷、镁等人体必需的多种元素，还含有糖类、植物油和丰富的优质蛋白，能促进宝宝的身体发育。

双色萝卜鱼丸汤

材料：

青萝卜50克，胡萝卜50克，鱼丸20克，芹菜1根，调料少许

制作方法：

1.青萝卜、胡萝卜去皮，洗净，切小块；芹菜洗净，切碎末备用。

2.锅内加适量水煮开后，下萝卜块煮透，再下鱼丸煮熟，撒上芹菜末和少许盐，煮1分钟左右，滴入香油即可。

好妈妈喂养经

青萝卜富含人体所需的多种营养物质，淀粉酶含量尤其高，与胡萝卜都含有丰富的维生素以及钙、镁、铁、锌等矿物质，很适合给宝宝吃；鱼丸中含有大量的B族维生素，对宝宝的发育也很有好处。

胡萝卜马蹄排骨汤

材料：

马蹄100克，胡萝卜半根，排骨200克，姜片、盐各少许

制作方法：

1.马蹄、胡萝卜去皮，洗净，切块备用。

2.排骨洗净，用开水焯一下，洗净。

3.将排骨、马蹄块、胡萝卜块和姜片一共放入煲内煲至熟烂，加少许盐调味即可。

好妈妈喂养经

胡萝卜富含的维生素A是骨骼正常生长发育的必需物质，有助于细胞增殖与生长，是机体生长的要素，对促进宝宝的生长发育具有重要的意义。马蹄中含的磷，能维持生理功能的需要，对宝宝牙齿和骨骼的发育有很大的好处。

紫菜海带汤

材料：

紫菜30克，海带丝50克，冬瓜100克，盐少许

制作方法：

1.海带丝洗净，切段；冬瓜去皮、去瓤后洗净，切块，备用。

2.将紫菜、海带丝、冬瓜块一同放入锅中，加适量清水，用大火熬煮15～20分钟，加少许盐调味即可。

好妈妈喂养经

紫菜的营养十分丰富，富含胡萝卜素、B族维生素、蛋白质、铁、碘、磷、糖等多种营养成分，有补血润气的作用，与海带、冬瓜一起煮汤，补铁效果更好，能预防缺铁性贫血。

清甜翡翠汤

材料：

香菇1朵，鸡肉20克，豆腐30克，西蓝花30克，鸡蛋1个，高汤适量，盐少许

制作方法：

1.香菇去蒂，洗净切细丝；鸡肉洗净，切粒，装盘备用。

2.豆腐冲洗后，用勺背压成豆腐泥；西蓝花洗净，用热水烫熟后切碎。

3.鸡蛋磕破，取蛋黄，打散搅拌均匀。

4.高汤加水煮开后，下香菇丝和鸡肉粒，再次煮开后，依次下入豆腐泥、西蓝花末和蛋液，焖煮3分钟左右，加少许盐调味即可。

妈妈喂养经

香菇中含有香菇素、胆碱、亚油酸、香菇多糖及30多种酶，这些营养成分对脑功能的正常发挥有重要的促进作用。常吃香菇对大脑有良好的补益作用。另外，多增加香菇等菌类食物的摄入，还可以预防甲肝。

美味芋头汤

材料：

芋头半个，高汤适量，盐少许

制作方法：

1.芋头削皮，切成小块，用盐腌片刻后洗净，备用。

2.将芋头蒸烂，取出捣碎成泥。

3.将高汤及芋头泥倒入锅中煮，并不时地搅拌，待汤汁黏稠后加少许盐调味即可。

好妈妈喂养经

芋头的营养价值很高，它的块茎淀粉含量达70%，既可当粮食，又可做蔬菜。芋头还富含蛋白质、钙、磷、铁、钾、镁、胡萝卜素、烟酸、维生素、皂角甙等多种成分，这些都是宝宝生长发育过程中必不可少的营养物质。

胡萝卜玉米浓汤

材料：

胡萝卜1根，玉米面50克，火腿30克，奶油5克

制作方法：

1.胡萝卜煮熟，洗净去皮，切成小丁；火腿切小丁。

2.将奶油烧融化，下玉米面，炒至变色，加一勺温水慢慢搅开，再加适量水拌开，下胡萝卜丁和火腿丁，慢慢搅拌煮开后，煮 3分钟即可。

好妈妈喂养经

胡萝卜、玉米面都含有丰富的营养物质。这道淡淡的橘红色汤会让宝宝第一感觉就很好，混合了奶油、火腿，汤的香味会更加浓郁，可以激发宝宝的食欲。

鸡蓉香菇汤

材料：

鸡胸肉50克，鸡汤250毫升，香菇50克，盐少许

制作方法：

1.鸡胸肉洗净，剁碎肉蓉，加适量水调成糊状；香菇洗净，撕成小块，备用。

2.鸡汤煮开后，将鸡肉糊慢慢倒入锅中，边倒边用筷子迅速搅拌，煮开后下香菇，煮熟后加少许盐调味即可。

好妈妈喂养经

鸡肉中富含蛋白质，鸡汤营养丰富，能提高宝宝的抵抗力。香菇不仅味美，对人体健康也很有益处，香菇中的有效成分溶解在汤内，易为宝宝的身体吸收，可增强人体的免疫功能并有防癌的作用。

冬瓜火腿鲜汤

材料：

冬瓜60克，火腿30克，葱末、姜末、葱花各少许，植物油、高汤各适量

制作方法：

1.将冬瓜去皮、去瓤，洗净，切块；火腿切片。

2.烧油锅，下葱末、姜末爆香后下冬瓜块炒入味，再加适量高汤，大火煮开，放入火腿片，转中火煮10分钟即可。

好妈妈喂养经

冬瓜营养价值很高，含有丰富的蛋白质、钙、磷、铁及多种矿物质；冬瓜味甘、性寒，有清热、利水、消肿的功效。这道冬瓜汤吸入了火腿的精华，味道鲜美，营养丰富。

泥糊类

泥糊类食物是宝宝由液体食物过渡到固体食物的桥梁。给宝宝准备泥糊状的食物，不仅能够补充宝宝身体所需的营养，还可以锻炼宝宝的咀嚼吞咽能力。妈妈在制作泥糊状食物时，可以根据宝宝的喜好适当调整食物材料，以蒸、煮等方式将食物材料弄软，碾成泥状，再将所搭配的食物混合均匀后给宝宝食用。

蔬菜泥

材料：

西蓝花30克，胡萝卜30克、蛋黄泥适量

制作方法：

1.将胡萝卜、西蓝花洗净、切碎后煮熟或蒸熟，用研磨器将其研磨碎。

2.放适量温水将胡萝卜碎、西蓝花碎搅拌均匀呈糊状，再拌入适量的蛋黄泥即可。

好妈妈喂养经

西蓝花色泽翠绿，质地细腻容易吞咽，含有丰富的维生素A、维生素C和铁元素；胡萝卜含有较多的钙、磷、铁等矿物质，有治疗夜盲症、保护呼吸道和促进儿童生长等功能。这道泥能很好地补充宝宝身体和大脑发育所需的营养。

鱼泥

材料：

带鱼或其他鱼类50克，番茄1个

制作方法：

1.将准备好的鱼洗净后放入锅中蒸熟。

2.将蒸好的鱼去骨、去刺，压成泥；番茄去皮，切成小丁状。

3.锅中放适量水，将鱼肉泥、番茄丁用大火蒸10～15分钟即可。

好妈妈喂养经

鱼肉中富含维生素A、铁、钙、磷等，有助于宝宝的身体以及大脑发育。鱼肉中还含有丰富的优质蛋白，很容易被人体吸收。番茄鱼泥味道鲜美，能提高宝宝的食欲。

鱼肉拌茄泥

材料：

茄子1个，鱼肉100克

制作方法：

1.将茄子蒸熟，去皮后压成茄泥。

2.鱼肉用热水焯熟，去骨、去刺后捣碎。

3.将茄泥与鱼肉末混合，搅拌均匀即可。

好妈妈喂养经

茄子所含营养丰富，不仅含有蛋白质、脂肪、碳水化合物，还有丰富的钙、磷、铁、维生素P等多种营养成分。鱼肉中富含维生素A、铁、钙、磷等营养元素，宝宝常吃可以养身健脑。

香蕉泥

材料：

香蕉1根

制作方法：

香蕉去皮、去筋后用汤匙刮取果肉，再压成泥状，或用研磨器研成水果泥。

好妈妈喂养经

香蕉中含有丰富的微量元素，口感滑腻，比较适合此阶段宝宝食用。应注意的是，刚开始给宝宝添加香蕉泥的时候，要把香蕉中央的黑籽部分去掉，以免引起宝宝消化不良。

红枣米粉糊

材料：

红枣泥100克，米粉10克，牛奶20毫升

制作方法：

1.米粉加水调制成糊状。

2.红枣泥兑牛奶搅拌均匀。

3.将搅拌均匀的牛奶红枣泥与调成糊状的米粉一起搅拌均匀即可。

好妈妈喂养经

红枣泥中含有丰富的蛋白质、有机酸、维生素C、维生素A等丰富的营养成分，具有健脾胃、补气血提高免疫力等功效，对预防和缓解婴儿缺铁性贫血、脾虚消化不良有很好的帮助。

猪肝泥

材料：

猪肝50克，香油少许

制作方法：

1.猪肝洗净，横剖，去筋膜和脂肪，切大块后在水龙头下拍洗，再放入水中浸泡30分钟。

2.将浸泡后的猪肝用刀剁成泥状，装入碗中，淋上少许香油。

3.将猪肝泥放入锅中，蒸25分钟左右，温凉后即可食用。

好妈妈喂养经

猪肝中含有丰富的铁和维生素A、B族维生素等多种营养物质，有助于宝宝的骨骼发育，还能有效预防夜盲症和缺铁性贫血的发生。

牛奶蛋黄土豆泥

材料：

鸡蛋1个，土豆1个，牛奶适量

制作方法：

1.将土豆去皮，切成丁状后，加适量水煮熟烂研磨成泥。

2.将鸡蛋放入冷水锅中，水开后煮10分钟，取蛋黄备用。

3.将土豆泥和鸡蛋黄研磨成泥，放入婴儿专用的奶锅中，加入适量的水和牛奶，用文火稍煮即可。

好妈妈喂养经

蛋黄中含有丰富的卵磷脂，对宝宝的神经发育有促进作用，马铃薯中含有丰富的淀粉、蛋白质、脂肪、胡萝卜素以及人体所需的多种矿物元素，如：钙、磷、铁、钾、钠、碘等。这道泥对宝宝的身体和大脑发育都很有益处。

鸭肝泥

材料：

鸭肝50克，料酒、姜丝少许

制作方法：

1.将鸭肝洗净，放入锅中，加料酒、姜丝煮熟。

2.冷却后取出用勺子压成泥即可。

好妈妈喂养经

鸭肝富含维生素A、维生素C和硒元素，有保护眼睛、增强人体的免疫能力的作用。鸭肝中还含有丰富的铁，适量食用可预防宝宝缺铁性贫血，使宝宝皮肤红润有光泽。

肝泥肉泥

材料：

猪肝50克，猪瘦肉50克，盐少许

制作方法：

1.猪肝放在水中浸泡1小时左右。

2.将猪肝和猪肉洗净，去筋，放在砧板上，用不锈钢汤匙按同一方向以均衡的力量刮，制成肝泥、肉泥。

3.将肝泥和肉泥放入碗内，加入少许冷水和少许盐搅匀，上笼蒸熟即可。

好妈妈喂养经

猪肝中含有多种营养物质，它富含维生素A和微量元素铁、锌、铜；猪肉中含有丰富的蛋白质及脂肪、碳水化合物、钙、磷、铁等营养成分，将二者混合作为宝宝的食物，可以补充宝宝身体所需的营养，改善宝宝缺铁性贫血等症状。

南瓜泥

材料：

南瓜100克

制作方法：

1.南瓜去皮，洗净后切成块状，备用。

2.锅中加适量清水，烧开后，将切好的南瓜块放入锅中，煮至熟烂后取出压成泥状即可。

好妈妈喂养经

南瓜中含有多种营养成分，其中的胡萝卜素能够在机体中转化为维生素A，促进宝宝骨骼发育；氨基酸和活性蛋白有利于宝宝大脑发育；多糖能够促进细胞因子生成，提高机体的免疫功能。

奶香土豆泥

材料：

土豆80克，牛奶适量

制作方法：

1.土豆去皮，洗净，切成块。

2.将土豆块放入蒸锅中蒸熟后，用勺子碾成泥。

3.加入适量牛奶调匀即可。

好妈妈喂养经

这道泥含有丰富的淀粉、蛋白质、脂肪、糖类，还含有人体必需的21种氨基酸和多种维生素以及胡萝卜素、纤维素、钙、磷、铁、碘、镁和钼等营养元素，既有助于宝宝身体发育，又可健脑益智。

苹果胡萝卜泥

材料：

苹果1个，胡萝卜1根

制作方法：

1.苹果、胡萝卜洗净后去皮，切小块备用。

2.将切成块的苹果和胡萝卜块放入料理机中，加20毫升水，打成泥状。

3.放入微波炉中加热1分钟左右即可取出食用。

好妈妈喂养经

苹果和胡萝卜中的营养都比较丰富，宝宝食用这道泥，不仅有益肝、明目、增强免疫力的作用，还有益脾健胃、厚肠止泻的功效。泥状的苹果和胡萝卜更易于宝宝消化和吸收，而且味道甜美，宝宝爱吃。

火腿土豆泥

材料：

火腿50克，土豆50克，黄油少许

制作方法：

1.土豆洗净去皮后蒸熟，压成泥。

2.火腿肉切碎备用。

3.将土豆泥和碎火腿拌在一起，加入一小块黄油，吃时放在锅里蒸5～8分钟即可。

好妈妈喂养经

火腿土豆泥有丰富的蛋白质和宝宝身体所需的其他营养元素，如：粗纤维、钙、磷等，可以补充宝宝身体、大脑发育所需的营养，是宝宝不错的营养益智断奶餐。

鲜肝薯糊

材料：

土豆20克，大米30克，鸡肝10克

制作方法：

1.鸡肝浸泡后，用水煮熟，切成薄片，在碗中研磨成泥，水留用。

2.土豆放入沸水中煮熟，捞起压成薯泥。

3.用煮鸡肝的水加米煮粥，煮至黏稠时加入鸡肝泥和土豆泥搅匀即可。

好妈妈喂养经

鸡肝中含有丰富的铁、锌、钙、磷等元素，能补充宝宝身体所需的铁以及大脑发育所需的其他营养元素。土豆和大米中也含大量人体所需的蛋白质、维生素等，能让宝宝吃出健康、吃出智慧。

枸杞土豆泥

材料：

枸杞少许，土豆50克

制作方法：

1.土豆洗净去皮后蒸熟，压成泥。

2.取少许质量好的枸杞，泡开后，加入土豆泥搅拌成糊状。

3.搅拌好后，将糊状的土豆泥在锅里蒸大约5～8分钟即可。

好妈妈喂养经

枸杞营养丰富，颜色鲜艳，能引起宝宝的食欲。土豆营养丰富，含有丰富的赖氨酸和色氨酸。将二者制作泥状食物，香甜可口，宝宝爱吃又有营养。

鸡肝糊

材料：

鸡肝15克，鸡架汤150毫升

制作方法：

1.将鸡肝洗净后放入水中浸泡1小时左右。

2.将鸡肝放入开水锅中去血水，再煮10分钟，取出剥去外衣，研碎。

3.将鸡架汤倒入锅内，加入研碎的鸡肝，煮成糊状即可。

好妈妈喂养经

鸡肝中含有丰富的蛋白质、钙、锌、铁、磷、维生素等，可以维持视力正常发育。加鸡汤煮的鸡肝糊富含钙、锌、铁、磷及蛋白质、维生素A、维生素B_1、维生素B_2和尼克酸等多种营养素，可以促进宝宝生长发育。

蛋黄酸奶糊

材料：

鸡蛋1个，肉汤1小勺，酸奶1大勺

制作方法：

1.鸡蛋煮熟后，取出蛋黄放入碗中捣碎。

2.将捣碎的蛋黄和肉汤倒入锅内，用小火熬煮并不时地搅动。

3.待出现稀糊状时，将酸奶倒入锅中搅拌均匀即可。

好妈妈喂养经

这道糊奶香味美，可以提高宝宝的食欲。蛋黄中富含的磷脂类营养元素，可以促进宝宝的大脑发育；酸奶可以促进宝宝的食欲，加强消化，提高人体对钙的吸收，有助于宝宝的骨骼和牙齿发育。

五彩蛋黄泥

材料：

青菜1棵，胡萝卜1个，鸡蛋1个

制作方法：

1.将青菜、胡萝卜洗净后，在锅中煮熟，制成泥状。

2.将鸡蛋煮熟，剥开取蛋黄，捣成泥后和青菜、胡萝卜泥搅拌均匀即可。

好妈妈喂养经

宝宝肠胃系统还未发育成熟，妈妈不要给宝宝吃蛋清。蛋黄、青菜、胡萝卜中的营养很丰富，不仅可以满足宝宝对维生素等营养的需求，而且色味俱佳，能够引起宝宝的食欲。

黑芝麻糊

材料：

黑芝麻30克，米粉30克，糯米粉10克

制作方法：

1.将黑芝麻放入烤箱内烤熟后用碾钵碾碎。

2.锅中放适量清水，将米粉和糯米粉放入锅中，边煮边搅动。

3.待呈糊状时，放入碾好的黑芝麻，再煮2～3分钟即可。

好妈妈喂养经

此糊糯香、口感好。黑芝麻中含有大量的脂肪和蛋白质，还有糖类、维生素A、维生素E、卵磷脂、钙、铁、铬等营养成分，可以促进新陈代谢，预防贫血，活化脑细胞，是宝宝健脑益智的主要食物之一。

果饮类

果汁中含有丰富的维生素、矿物质、膳食纤维以及果胶等人体所需的营养，妈妈可以偶尔制作一些果汁作为宝宝的零食。不过，果汁并不能代替白开水和水果，因此，妈妈不宜让宝宝过多地饮用。需要注意的是，由于宝宝正处于味觉发育的敏感期，为避免养成宝宝偏食的习惯，果汁中不能加糖，而且需要兑入一定比例的开水后才可以给宝宝饮用。

西瓜汁

材料：

西瓜瓤适量

制作方法：

1. 将西瓜瓤放入碗中，挑出西瓜子，用勺子捣烂。
2. 用干净纱布过滤后，取汁即可。

好妈妈喂养经

西瓜果肉中的营养成分包括蛋白质、糖、粗纤维、钾、磷、钙、铁等，除不含脂肪外，汁液中几乎含有人体所需的各种营养成分，在解热消暑方面更是佳品。西瓜汁颜色鲜艳，可以激发宝宝的食欲。

胡萝卜汁

材料：

胡萝卜1根

制作方法：

1.胡萝卜洗净，去皮，切碎。

2.将切碎的胡萝卜放入搅拌机中，加适量水，打碎后取汁兑水饮用即可。

好妈妈喂养经

胡萝卜中富含大量的胡萝卜素，宝宝食用后，具有补肝、明目的作用。胡萝卜中还含有较丰富的植物纤维，可以增强肠胃蠕动，对便秘的宝宝有很好的缓解作用。

鲜橙奶露

材料：

橙子1个，牛奶50克

制作方法：

1.橙子洗净后去皮切片，放入搅拌机中兑水打汁。

2.去渣滓后取橙汁，将橙汁和准备好的牛奶搅拌均匀即可。

好妈妈喂养经

橙子中含有丰富的维生素C，能够增强机体抵抗力；橙子中的果胶和纤维素，能够促进肠胃蠕动，有利于清肠通便。将新鲜的橙汁与牛奶兑饮，能为宝宝的生长发育提供多种营养元素。

葡萄汁

材料：

鲜葡萄100克

制作方法：

1.将葡萄洗净去梗，用干净纱布包紧后挤汁。

2.葡萄汁中加入适量开水调匀即可。

好妈妈喂养经

葡萄汁中含有丰富的维生素C，可以有效促进铁的吸收，还含有大量的天然糖、维生素、微量元素和有机酸，能促进宝宝机体的新陈代谢，对血管和神经系统发育极为有益，还可以有效预防宝宝感冒。

番茄苹果汁

材料：

番茄半个，苹果半个

制作方法：

1.番茄洗净，用开水烫一下剥皮，用榨汁机榨汁。

2.苹果洗净，削皮，也榨汁。

3.取1～2汤勺苹果汁兑番茄汁即可。

好妈妈喂养经

番茄苹果汁中含有丰富的维生素A、维生素C，不仅可以增强体力，还是防暑的佳品。苹果具有整理肠胃的作用；番茄富含多种维生素，如：胡萝卜素、B族维生素和维生素C，对心血管具有保护作用。

龙眼膏

材料：

龙眼肉50克，白糖10克

制作方法：

1.将龙眼肉与白糖同放入一碗内，搅拌均匀，备用。

2.锅置火上，加入较多的水，将盛龙眼、白糖的碗，放入水中，将水烧开，隔水蒸约1小时，取出保存好，每次取少量用开水冲饮即可。

好妈妈喂养经

龙眼肉味甘，性平，可补脾益胃，养血安神，并含有葡萄糖、蔗糖、蛋白质、脂肪和B族维生素、维生素C等成分，能够补充宝宝身体所需的营养，提高宝宝的免疫力。

香蕉奶饮

材料：

香蕉1根，牛奶200毫升

制作方法：

1.香蕉去皮，撕筋，切成小块。

2.将香蕉块和牛奶一同放入果汁机内，搅拌后倒出即可。

好妈妈喂养经

这道奶饮口感香浓幼滑、营养丰富，含有丰富的蛋白质、碳水化合物、钙、钾、磷、铁、锌、维生素C等多种营养元素，易于消化吸收，有促进生长发育的作用。

鲜橙汁

材料：

橙子1个

制作方法：

1.将橙子外皮用水洗净，切成小瓣，去皮核，取出果肉备用。

2.将果肉倒入打汁机中打成汁即可。

好妈妈喂养经

喂食时，妈妈可以加一些温开水，兑水的比例从2:1到1:1。鲜橙汁味甜而香，并且含有大量维生素C，营养价值很高。让宝宝食用鲜橙汁可以增强身体免疫力，促进大脑发育。

胡萝卜山楂汁

材料：

鲜山楂2颗，胡萝卜半根

制作方法：

1.将胡萝卜洗净切碎；鲜山楂洗净，去核后，每颗切四瓣。

2.将碎胡萝卜和山楂一同放入锅中，加适量水，煮沸后，转小水煮15分钟。

3.用纱布过滤果肉，取汁即可。

好妈妈喂养经

山楂含有丰富的机酸、果胶质、维生素及微量元素等。其中维生素C含量比苹果高10多倍。与胡萝卜搭配的山楂汁中含有多种营养成分，具有健胃、消食、生津、增进食欲的功效。

番茄汁

材料：

番茄2个

制作方法：

1.将新鲜番茄去蒂，洗净，用刀在番茄上划十字，再放入开水中稍烫。

2.将烫过的番茄去皮，切块。

3.将切好的番茄块放入打汁机中兑水打汁，过滤后即可饮用。

好妈妈喂养经

番茄营养丰富，含有丰富的胡萝卜素和维生素，能够补充宝宝身体所需的多种营养。番茄兑水打成的汁，颜色鲜艳，营养易于吸收，是宝宝夏日的佳饮。

苹果胡萝卜汁

材料：

胡萝卜1个，苹果半个

制作方法：

1.将胡萝卜、苹果去皮，洗净后切成小块。

2.将胡萝卜块和苹果块倒入锅中，加适量水，煮10分钟左右。

3.待胡萝卜和苹果熟烂时，用干净的纱布过滤后，取汁即可。

好妈妈

胡萝卜中含丰富的β-胡萝卜素，可促进上皮组织生长，增强视网膜的感光力，是宝宝必不可少的营养素。苹果中的维生素C能保护心血管，胶质和矿物质可以降低胆固醇，特有的香气有提神醒脑的功效。

香蕉奶羹

材料：

酸奶100毫升，香蕉1根

制作方法：

1.香蕉去皮，撕筋，取一半，放入搅拌机中拌匀磨碎，待呈黏稠状，立即将酸奶倒入，再搅拌几秒钟。

2.将搅好的奶羹倒入碗中即可喂食。

好妈妈喂养经

香蕉奶羹中含有丰富的蛋白质、碳水化合物、维生素C、维生素A等营养，对宝宝的身体和大脑发育都很有好处，有助于促进宝宝骨骼和牙齿的发育。

草莓奶饮

材料：

草莓300克，牛奶200毫升

制作方法：

1.将草莓去蒂，洗净。

2.将草莓和牛奶倒入榨汁机中打匀，倒入碗中即可。

好妈妈喂养经

草莓中含有果糖、蔗糖、氨基酸、钙、磷、铁等矿物质以及多种维生素。草莓中还含有果胶和丰富的膳食纤维，对宝宝的健康成长极为有益。

白萝卜煮梨汁

材料：

白萝卜半根，梨半个

制作方法：

1.将白萝卜和梨洗净，白萝卜切丝，梨切薄片。

2.将白萝卜丝倒入锅中，加适量水烧开，用小火煮10分钟后，放入梨片再煮5分钟，取汁即可。

白萝卜富含维生素C、铁冬素等营养成分，有止咳润肺，帮助消化等保健作用。梨含有一定量的蛋白质、胡萝卜素、维生素B_1、维生素B_2及苹果酸等营养成分，能帮助宝宝补充维生素和矿物质，同时对咳嗽的宝宝也有辅助治疗的作用。

樱桃汁

材料：

樱桃100克

制作方法：

1.将樱桃洗净，去蒂，去核，倒入锅中，加入适量水煮烂为止。

2.取出樱桃，用勺子捣烂，倒入碗中，加适量开水，晾凉后即可食用。

樱桃中含有丰富的铁元素，还有丰富的钙、钾、胡萝卜素等营养元素。给宝宝食用樱桃可以促进血红蛋白再生，既可防治缺铁性贫血，又可增强体质，健脑益智。

断奶结束，1～3岁宝宝营养益智美食

断奶结束后，宝宝生长发育所需的营养主要从食物中直接摄取。如果宝宝营养不良，对大脑的发育将会产生很大的影响。大脑发育主要需要蛋白质、糖、维生素、脂类、矿物质等营养素。当然，通过合理地摄入蛋、肉、豆制品、奶制品、蔬菜、水果等食物，即可满足宝宝需求。不过妈妈要结合宝宝断奶后的具体生理变化，来科学合理搭配宝宝的饮食。

促进宝宝大脑发育的9种营养素

婴幼儿时期是宝宝大脑发育的关键时期，此时宝宝的脑细胞数量增加、体积增大，功能也逐步完善。而大脑神经细胞与神经胶质细胞的发育及运转，都需要一定的营养素。父母可以通过饮食调整，让宝宝摄入适量的“脑营养”，促进宝宝大脑的发育。那么，哪些营养素可以促进宝宝的大脑发育呢?

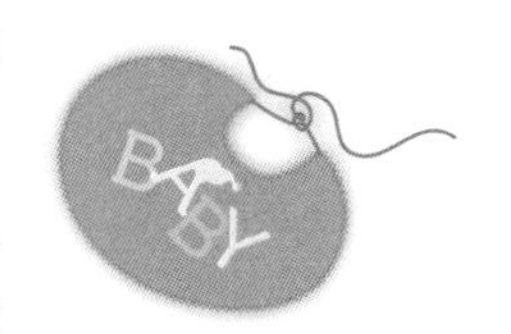

营养素	益智功效	食物来源
蛋白质	蛋白质是生命的物质基础，参与一切身体组织细胞的构成。蛋白质约占脑重的35%，其供给量的充足是保证大脑结构正常的先决条件。蛋白质对中枢神经和智力发展有重要的影响，如：学习、记忆、语言、思考等智力活动都需要蛋白质的合成。	瘦肉类（如：猪肉、牛肉、羊肉、鸡肉、鹌鹑肉等）、谷类、蔬菜类、奶类、薯类、鱼类、干果类、大豆及其制品等。
脂类	脂类是脑组织发育的重要营养素，约占脑重的60%。优质、充足的脂类可促进脑细胞发育和神经髓鞘的形成，保证大脑的正常发育。卵磷脂是生命的基础物质，是大脑及神经系统的主要化学物质，有助于提高宝宝的记忆力。	核桃、芝麻、花生、葵花子、南瓜子、蛋黄、豆制品、动物内脏、瘦肉等。
碳水化合物	碳水化合物是维持大脑功能的唯一来源。大脑的中枢神经组织需要碳水化合物维持生理功能。大量的碳水化合物能刺激胰岛素分泌增加，提高血液中的色氨酸含量，而色氨酸又能刺激5-羟胺酸的产生，可以增加大脑神经原的活力，提高智力。	小米、玉米、燕麦、高粱、大米、紫薯、栗子、菱角、红糖、白糖、甘蔗、甜菜、水果等。

续表

维生素A	维生素A是促进脑组织发育的重要物质，是大脑健康发育的帮手，它还可以提高机体免疫力，促进皮肤及黏膜的形成，恢复眼球的活力。缺乏维生素A可能会导致智力低下、皮肤干燥、抵抗力下降、视力下降等问题。	动物肝脏、黄绿蔬菜（如：胡萝卜、青菜等）、黄色水果、蛋类、牛奶、奶制品、鱼肝油等。
B族维生素	B族维生素由多种水溶性维生素所组成，包括维生素B_1、维生素B_2、维生素B_6、叶酸等，它们通过帮助蛋白质代谢而促进大脑活动，是宝宝智力发育不可缺少的助手。	全谷类、小麦胚芽、豆类、蛋类、牛奶、瘦肉、芦笋、杏仁、玉米、洋葱等。
维生素C	维生素C是提高脑功能的重要营养素，在促进脑细胞结构的坚固、防止细胞结构的松弛与紧缩方面起着重要的作用。充足的维生素C能改善脑组织对氧的利用率，使大脑灵活敏锐。	各类新鲜的水果蔬菜（樱桃、猕猴桃、苹果、草莓、西蓝花、番茄、柠檬等）。
维生素D	维生素D能调节体内钙、磷的正常代谢，促进钙的吸收和利用。此外，还可以提高神经细胞的反应速度，增强人的判断能力。如果宝宝缺乏维生素D，会影响大脑皮层的功能，导致反应减缓，语言发育迟缓。	鱼肝油、蛋黄、鱼子、三文鱼、酵母、干菜、奶类等。
维生素E	维生素E有极强的抗氧化作用，能促进脑细胞增长与活力，可防治脑内产生过氧化脂肪，预防脑疲劳。如果宝宝缺乏维生素E，脑细胞膜会坏死；严重不足时，会引起各类型的智能障碍。	新鲜绿色蔬菜、动物肝脏、豆类、坚果、瘦肉、蛋黄、红薯、莴苣等。
碘	碘被称为智力元素，是宝宝神经系统发育的必要原料。宝宝缺碘会引起智力发育迟缓，听力、语言、运动障碍等；严重缺碘会引起地方性克汀病，发育落后，智力低下。	海带、紫菜、海鱼、对虾、虾皮等海产品。

宝宝健脑益智的常见食材

健脑益智食材，富含大脑发育所需的营养，不仅对大脑发育极为有益，还是宝宝成长的必需品。这些食材做成的美食能提供宝宝各方面的营养，有利于促进宝宝的生长发育。

核桃

核桃是健脑中的佳品，含有丰富的磷脂和不饱和脂肪酸，经常让宝宝食用，可以让宝宝获得足够的亚麻酸和亚油酸。这些脂肪酸不仅可以补充宝宝身体发育所需的营养，还能促进大脑发育，提高大脑活动的功能。核桃中还含有大量的维生素，对松弛脑神经的紧张状态，消除大脑疲劳也有重要的作用。

花生

花生具有很高的营养价值，它的蛋白质含量很高，容易被人体所吸收；它含有的谷氨酸和天冬氨酸能促进脑细胞的发育，有助于增强记忆力，是益智健脑的好食材。此外，花生的红衣，有补气补血的作用，很适合体虚的宝宝食用。

鸡蛋

鸡蛋中含有丰富的卵磷脂，能促进宝宝大脑神经系统的发育，提高大脑注意力。鸡蛋中还富含蛋白质和脂肪等其他营养素，是宝宝生长发育必不可少的物质，能促进骨骼和肌肉的发育。鸡蛋特别是蛋黄含铁丰富，能预防宝宝贫血，保证大脑的供氧量。

黄花菜

黄花菜即金针菜，被称为“健脑菜”，是一种营养价值高、具有多种保健功能的花卉珍品蔬菜。黄花菜中含有丰富的蛋白质、钙、铁和维生素C、胡萝卜素、脂肪等营养素，这些都是大脑新陈代谢必需的物质，可促进脑细胞发育和维持大脑活动功能，增强记忆力。

芝麻

芝麻中含有丰富的卵磷脂，研究表明，卵磷脂具有促进大脑发育、增强记忆力的功效，其中富含的麻酸和亚油酸对保障大脑功能的正常发挥有着重要的作用。芝麻中还富含维生素E、尼克酸、叶酸等营养素，不仅可以维持大脑旺盛的活力，还可以抑制脑组织细胞的衰退和坏死，能延长脑细胞的生命周期。妈妈可以将芝麻做成芝麻酱或芝麻糊给宝宝吃，不仅有健脑益智的作用，还有补血强筋骨的功效。

猕猴桃

猕猴桃美味可口，营养丰富、均衡，被人们称之为“超级水果”。猕猴桃维生素C含量比柑橘、苹果等水果高几倍甚至几十倍，它还含有丰富的膳食纤维、钾、镁、维生素A、维生素E以及维生素K等营养素。经常食用猕猴桃，不仅对大脑的细胞发育以及智力水平的发展有促进作用，还能增强大脑的机敏度以及灵活性。

大豆

大豆中含有大量的优质蛋白质、不饱和脂肪酸、钙、铁等矿物质以及多种维生素。大豆中含有的蛋白质与不饱和脂肪酸是脑细胞的基本成分，氨基酸和钙是健脑的营养成分。适量吃一些大豆及其制品可以改善记忆力，对宝宝的大脑发育有促进作用。

鱼肉

鱼肉不仅味道鲜美而且含有丰富的蛋白质、脂肪、维生素A、维生素B_1、钙、磷、尼克酸以及其他人体所需的矿物质等营养素。这些营养素是构成脑细胞，提高脑功能的重要物质。鱼肉中含有的优质蛋白很容易被宝宝消化和吸收；含有的脂肪以不饱和酸为主，海鱼中此种成分更为丰富。另外，海鱼中还含有丰富的DHA，是人脑中不可缺少的物质。多吃鲜鱼，特别是海鱼，对宝宝的智力发育很有帮助。

益智宝宝的饮食黑名单

断奶后的宝宝所摄取的营养绝大部分来自日常饮食，而此时，又是宝宝大脑发育的关键期，因此，宝宝食用食材的选择就显得格外重要。在为宝宝制作断奶餐时，父母不仅需要合理搭配各种健脑益智的食材，还要注意避免宝宝食用阻碍智力发育或对智力发育会产生不良影响的食物。以下这些不利于宝宝大脑发育的相关食物，父母们一定要注意不能让宝宝多吃，甚至是不吃。

成人饮料

成人饮料不宜给宝宝饮用。咖啡、可乐等饮料，具有兴奋作用的饮料，这些饮料中含有咖啡碱，对宝宝的中枢神经系统会产生兴奋作用，影响大脑的发育；酒中的酒精对机体的损害尤为重要，还会降低宝宝的记忆力、注意力，思维能力也会更为迟缓，严重影响智力发育和身体发育；宝宝也不宜饮茶，茶中的咖啡碱、鞣酸、茶碱等成分，会使宝宝兴奋、心跳加快，造成多尿、睡眠不安等症状，影响宝宝的身体和大脑发育。

过咸食物

咸是百味之首，有些父母认为，让宝宝吃些咸味食物，能促进宝宝的食欲。吃过咸的食物不仅容易引起多种疾病，如：高血压、动脉硬化等，还会损伤动脉血管，影响脑组织的血液供应量，造成脑细胞缺血缺氧，导致记忆力下降、反应迟钝、智力降低。此外，过量的盐对宝宝尚未发育成熟的肾脏来说也是一种沉重的负担。因此，在给宝宝准备食物时，一定要少放盐，并且不宜给宝宝吃含盐较多的食物，如：咸菜、榨菜、腌肉等。

含铅食物

含铅较多的食物有爆米花、松花蛋、灌装食品或饮料。铅是一种危害人类健康的重金属元素，对中枢和周围神经系统均有明显的损害作用，在人体内没有任何生理功能。铅不仅妨碍宝宝的智力发育，导致记忆力下降、注意力不集中、表达能力差、学习

困难等状况；还会影响宝宝的身体发育，造成贫血、缺钙、缺锌等症状。血铅水平在100μg/L以上时即能对智力发育产生不可回逆的损害，因此，日常饮食中，妈妈要严禁宝宝食用含铅量高的食品。

过鲜食物

有些父母认为在菜肴中加些味精，能使食物鲜美，增加宝宝的食欲。这种一味追求鲜美的做法不仅会让宝宝产生美味综合征，还会因为食用味精出现缺锌的症状。味精中的谷氨酸钠进入人体后，能使血液中的锌转变为谷氨酸锌，从尿中排到体外，而锌是大脑发育的重要营养元素之一，人体一旦缺锌，不仅影响大脑发育，还会影响身体的发育。因此，尽量减少宝宝吃加有大量味精的过鲜食物，如：泡面、鱼干、膨化食品等。

煎炸、烟熏食物

煎炸、烟熏食物（如：腊肉、熏鱼等）是指经过长时间暴晒或在200°以上的热油中煎炸的食物。这些食物中含有的脂肪很容易转化为过氧化脂质，而过氧化脂质过量会导致大脑早衰或痴呆，直接损害大脑的发育。因此，父母不宜给宝宝多吃这些食物。

含铝食物

含铝较高的食物有油条、油饼、粉丝等，如果经常给宝宝食用会造成铝过量。当身体摄入的铝元素过多，会影响脑细胞功能，导致记忆力下降，出现思维迟钝。给宝宝制作断奶餐时，过多使用铝锅、铝壶等工具，也会造成铝摄入过多。

益智宝宝饮食巧搭配

宝宝断奶后主要通过食物来补充身体和大脑发育所需的营养，那么，如何让宝宝吃出健康、吃出智慧呢?

每天进食安排

断奶宝宝的进食分早、午、晚三餐和午前点心、午后点心。早餐时间7:00左右，可食用配方奶、豆浆、馒头、面包等；午餐时间12:00左右，可食用软饭、碎肉、鱼肉、碎菜、汤等；晚餐时间18:00左右，可食用蔬菜、瘦肉、面条等。9:00～10:00是宝宝午饭前的点心时间，可让宝宝吃些水果；14:00～15:00是宝宝午饭后晚饭前的点心时间，可让宝宝吃些饼干、糕点等食物，以补充身体消耗的能量。

每天饮食量

宝宝1周岁后，活动量越来越大，对食物的需求量也就相应增加，也就需要增加饮食量，这就必须确保宝宝每天正常3餐的摄取量，而且每餐的量至少要达到120克，才能基本满足宝宝的日常消耗。此外，妈妈还需给宝宝准备一些零食，以保证宝宝在下一个正餐前不会感到饥饿。

饮食营养要均衡

营养是生命的物质基础，是保证宝宝正常生长发育、身心健康的重要因素。婴幼儿时期是宝宝大脑发育的关键期，合理、均衡的营养不仅能满足宝宝生长发育所需，还可以促进其大脑发育。宝宝生长发育正常所需的蛋白质、脂肪、碳水化合物供应量的比例要保持1:1.5:4。

饮食要多样化

谷类、肉类、蛋类、奶类、蔬菜和水果等不同类别的食物所补充的营养各有侧重，没有任何一种食物可以完全满足宝宝生长发育的营养需要，因此，在烹调食物的时候，妈妈需要将各种类别的食材进行合理搭配，以补充宝宝身体必需的营养。同时，妈妈还要顾虑到甜食对宝宝的影响，尽量不要在食物中加太多糖或蜂蜜，以免养成宝宝偏食的习惯。

断奶宝宝的饮食误区

如何搭配食材，怎样给宝宝补充营养，才能满足宝宝成长所需，是父母最为关心的话题。然而，由于长期的饮食习惯，父母在宝宝断奶结束后的饮食安排中，常常会存在下面三个饮食误区：

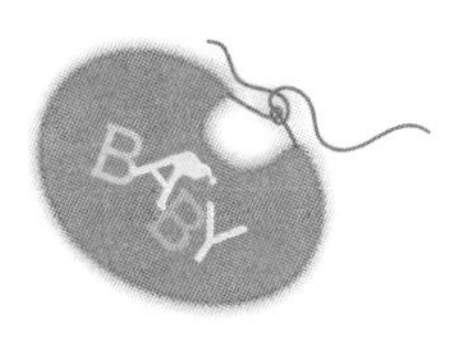

误区一：主、副食搭配不均

有些父母特别注重宝宝主食的摄取量，于是，每天给宝宝准备各种主食，如：稀饭、面条、炒饭等，每天变着花样做给宝宝吃，而且要求宝宝要多吃“饭”。而鱼、肉、蔬菜、豆制品等副食类则吃得较少，或者正好相反：副食较多，主食较少。无论是哪种饮食搭配，都违反了膳食平衡的科学原则，不利于宝宝的健康发育，因为主食和副食中各自所富含的营养结构并不相同，因此，父母在为宝宝准备食物时，应尽量保证主、副食平衡，让宝宝摄入均衡的营养。

误区二：用水果代替蔬菜

有些宝宝不爱吃蔬菜，一段时间后，不仅营养不良，还容易出现便秘等症状。有些父母在遇到这种情况后，就想用水果代替蔬菜，以为水果的营养价值与蔬菜差不多，认为这样可以缓解宝宝的不适，然而，效果却并不明显。从营养元素上来说，水果是不能代替蔬菜的，蔬菜中富含的纤维，是保证大便通畅的主要营养之一。因此，为了保证宝宝身体健康，蔬菜的摄入是必须的。如果宝宝不喜欢吃蔬菜，妈妈可以用一些小方法，将蔬菜混合到宝宝喜欢的菜食中，如：做成菜肉馅的饺子等，慢慢让宝宝接受蔬菜，甚至爱上蔬菜。

误区三：用汤泡饭

有些父母认为汤水营养丰富，还能使饭更软一点，宝宝容易消化，因此，常给孩子喂食汤泡饭。其实，这样的喂食方法很不科学。首先，汤里的营养不到10%，而且大量汤液进入胃部，会稀释胃酸，影响消化吸收；其次，长期使用汤泡饭，会养成宝宝囫囵吞枣的饮食习惯，影响咀嚼功能的发展，还会大大增加胃的负担，可能会让宝宝从小就患上胃病；最后，汤泡饭很容易使汤液和米粒呛入气管，造成危险。

断奶宝宝之益智营养美食问与答

问1：要怎样让恋奶瓶的宝宝丢掉奶瓶呢？

答：一般情况下，在1～2周岁之间宝宝已经断奶，这个年龄段的宝宝能接受的食材已经比较丰富和全面，如果妈妈烹调的食物色香味俱全，食材也经常变换，宝宝自然会被每天变换的美食吸引，就会忘记奶瓶，甚至会自己要求丢掉奶瓶。

问2：直接用菜汤拌饭给宝宝吃，是不是既方便又营养呢？

答：其实菜汤中的营养素很少，长期食用会导致宝宝营养不良，不利于宝宝的大脑及身体发育。即使这个阶段的宝宝已经能适应部分成人的食物，还是建议妈妈坚守切碎煮烂的原则，特意制作宝宝适合吃的食物，为宝宝补充生长发育所需的各种营养。

问3：宝宝什么时候开始自己进食，妈妈可以做些什么呢？

答：断奶结束后，妈妈可以让宝宝学习自己吃东西了。为宝宝准备一套儿童餐具，准备适合的椅子或一套小餐桌椅，如果担心他把食物弄得到处都是，可以将餐巾布铺在宝宝进食的地方。妈妈要将食物切成小块，放在宝宝吃饭的小碗中，教他学着将这些食物放到嘴里。如果宝宝不愿意，妈妈可以用勺子示范给宝宝看，然后鼓励宝宝自己动手。宝宝吃东西时，妈妈一定要在旁边照看，以免宝宝发生吞咽困难。

问4：宝宝总是吃某种食物，其他食物一口都不吃，怎么办呢？

答：偏食会导致某些营养素摄入不足或过剩，影响宝宝的生长发育和身体健康。妈妈可以不断地调整食物的色、香、味、形，如：宝宝不喜欢吃胡萝卜，可以将胡萝卜切碎打成果汁给宝宝饮用；或将胡萝卜切成花朵的形状，吸引宝宝的注意，以提高他的食欲。如果宝宝实在不愿意吃，妈妈也不要强迫进食，可以尝试着找找其他食材，看能不能代替或补充这种食材中的营养。

问5：宝宝过周岁了，可以喝酸奶吗？

答：酸奶营养价值高，味道酸酸甜甜，宝宝也爱喝。但1岁以内的宝宝由于胃肠道系统尚未发育完善，喝酸奶会影响消化吸收。宝宝1岁之后，虽然可以喝酸奶，但一定不要让他空腹喝。因为空腹时，胃环境不利于嗜酸乳杆菌的生长，酸奶也就失去原有的营养价值了，所以，建议最好在餐后两小时喝。

问6：有必要给宝宝吃益智保健品吗？

答：没有必要。有些保健品的来源及成分不明，有可能会影响宝宝健康；或者在补充一种营养的时候，可能会影响另一种营养成分的吸收，最后仍然很难起到益智保健的作用，甚至会影响宝宝的生长发育。而且婴幼儿时期，宝宝的肝肾功能尚未发育成熟，不能将吃进去的食物完全代谢完。因此，不建议宝宝吃保健品，只要给宝宝烹调的食物营养均衡，就可以满足宝宝的发育需求。

问7：宝宝营养过剩会影响智力发育吗？

答：随着生活水平的提高，宝宝营养过剩的现象也越来越普遍了。营养过剩会使过多的脂肪堆积在脑组织中，当达到一定量后，会造成“肥胖脑”，影响智力发育。饱食后，胃肠血液供给增多，而脑部相对处于缺血状态，长期处于饱食状态下，会影响大脑的发育，从而影响智力发育。因此，为了宝宝大脑的正常发育，不提倡给宝宝额外补充营养药剂，也不应强迫宝宝过多进食。

问8：问题奶层出不穷，可以用豆浆替代牛奶吗？

答：不能。豆浆和牛奶都富含蛋白质、铁等各种营养成分，但对于大脑正处于发育关键期的婴幼儿来说，豆浆缺少了有益于大脑发育的营养素DHA，而牛奶还有利于钙的吸收，这也是豆浆不能取代的。因此，断奶后，妈妈还是尽量选择质量有保证的牛奶给宝宝食用，以满足宝宝身体、大脑发育的需要。

宝宝营养益智美食食谱

主食类

1岁以后的宝宝，多以谷类为主食，包括米、面、杂粮等，可以为宝宝提供优质蛋白质、碳水化合物、维生素以及矿物质。这个时期，宝宝的咀嚼能力有所发展，可以吃米饭、面食，但由于宝宝的消化系统功能尚未完全发育成熟，所吃面食以发面为宜，面条要软、烂；面饼要切成小块；米要做成软饭。在日常三餐中一定要保证宝宝的主食摄取量，满足宝宝的日常消耗。

番茄鸡蛋面

材料：

鸡蛋1个，番茄1个，龙须面50克，调料适量

制作方法：

1.鸡蛋打散；番茄去皮，切小丁。

2.烧油锅，将鸡蛋炒至五成熟后，下番茄丁一起翻炒，待番茄熟软后加入盐并倒入适量开水。

3.水沸后加龙须面，面熟透后即可。

好妈妈喂养经

番茄的酸味能促进胃液分泌，帮助人体消化摄入的蛋白质。番茄还含有丰富的维生素C，可以增强宝宝的免疫力，强健血管，对宝宝身体发育很有帮助。

土豆肉末粥

材料：

土豆50克，猪瘦肉25克，大米50克，葱末、调料各少许

制作方法：

1.大米洗净，倒入煲内加水浸泡；土豆削皮洗净切丁；猪瘦肉洗净剁碎。

2.烧油锅，下葱末、肉末翻炒，待肉变色时，倒入煲内，同大米一起熬煮。

3.待粥熬至七八成熟后，加入土豆丁和少许盐，煮烂至稠状即可。

好妈妈喂养经

这道粥香味四溢，清淡适口，能增加宝宝的食欲。粥中含淀粉、碳水化合物、维生素等多种营养成分，可以促进宝宝身体发育，体格强壮。

香香炒米饭

材料：

米饭50克，土豆10克，黄瓜10克，黑木耳5克，鸡丁10克，葱、调料各少许

制作方法：

1.土豆、黄瓜切成丁；黑木耳浸泡后用刀切几下，待用。

2.烧油锅，下鸡丁煸炒片刻，加少许水烧开后，烧一会儿，熟烂后放入土豆丁和黑木耳，烧煮片刻后下米饭、葱花煸炒几下，放入黄瓜丁及其他调料煸炒至入味即可。

好妈妈喂养经

米饭是断奶后宝宝的主食，如果宝宝不爱吃，妈妈可在饭里面加一些其他食材，不仅能引起宝宝的食欲，还能丰富米饭中的营养，促进宝宝身体和大脑的发育。

香米瘦肉粥

材料：

香米50克，猪瘦肉50克，盐少许

制作方法：

1.香米洗净，用冷水浸泡，备用。

2.猪瘦肉洗净剁成肉泥，放入碗中加少许盐调味，拌匀后放入蒸锅蒸熟。

3.香米入锅，加适量水熬至半熟。

4.将蒸熟的肉泥倒入粥中，继续熬煮，至黏稠即可。

好妈妈喂养经

猪瘦肉中富含蛋白质、多种矿物质、脂肪酸等营养元素，其中丰富的B族维生素，能调节人体新陈代谢，可以增强宝宝的免疫力和神经系统的功能。

鸡肝泥粥

材料：

鸡肝15克，大米50克，盐少许

制作方法：

1.鸡肝用沸水焯一遍，去血除腥；大米洗净熬煮成粥。

2.鸡肝放入沸水中再煮10分钟左右，剥去鸡肝外皮，将肝放入碗内碾成泥。

3.将鸡肝泥放入煮好的粥中搅拌均匀，再煮10分钟后，放入少许盐调味即可。

好妈妈喂养经

鸡肝泥粥中含有丰富的蛋白质、维生素、尼克酸、矿物质等多种营养素，能补充宝宝身体所需的多种营养，提高机体免疫力，促进宝宝的身体和大脑发育。

肉松软米饭

材料：

米饭50克，鸡肉30克，胡萝卜1片，调料少许

制作方法：

1.将准备好的米饭盛入碗中备用。

2.将鸡肉洗净后剁成极细的末，放入锅内，加入酱油、白糖、料酒，边煮边用筷子搅拌，使其均匀混合，煮好后淋入米饭。

3.锅中加水，将饭隔水加热，饭热透后切一片花形胡萝卜作为装饰，诱起宝宝的食欲。

好妈妈喂养经

鸡肉中含有丰富的蛋白质、维生素B_1、维生素B_2、尼克酸、维生素E及铁、钙、磷、钠、钾等营养素，且脂肪含量低，和米饭同食，营养更加全面，能促进宝宝的生长发育。

鲜贝香米粥

材料：

鲜贝50克，香米100克，香葱、生姜各适量，调料少许

制作方法：

1.香米洗净，浸泡1小时备用。

2.生姜洗净切片；香葱洗净切葱花；鲜贝洗净，加入姜片和盐腌制一下。

3.将香米倒入锅中，加适量水煮开后，转中火煮30分钟。

4.将鲜贝加入粥内煮熟，加少许盐和胡椒粉调味，并撒上葱花即可。

好妈妈喂养经

宝宝大脑发育较快，鲜贝中富含不饱和脂肪酸，能够补充其所需的营养。这道粥味道鲜美，可以引起宝宝的食欲，而且营养易于消化吸收，是断奶宝宝很好的益智美食。

胡萝卜饼

材料：

胡萝卜1根，面粉150克，鸡蛋2个，牛奶50毫升，葱花及调料各少许

制作方法：

1.将胡萝卜洗净，切碎，加入盐、味精、胡椒粉调味。

2.在面粉中磕入鸡蛋，倒入牛奶调成稠糊状。

3.将胡萝卜碎、葱花放入调好的面糊中，搅拌均匀。

4.油入锅烧至五六成热，倒入一大勺面糊放入煎锅中，摊成圆饼，煎至双面金黄即可，吃时可切块配上调味酱。

好妈妈喂养经

用胡萝卜和面粉烹制饼，外酥里嫩，松软适口，能够提高宝宝的食欲。胡萝卜饼中含有丰富的维生素、蛋白质、碳水化合物等营养元素，能给宝宝提供均衡的营养。

海鲜蛋饼

材料：

鱼肉20克，大虾5克，鸡蛋1个、葱头、黄油少许，番茄酱适量

制作方法：

1.鱼肉去骨刺；大虾去皮，剁成泥；鸡蛋磕入碗中打散；葱头洗净，剁碎。

2.将鱼虾泥、鸡蛋、葱末拌成稠糊状。

3.将黄油倒入平底锅里，把上述料摊成小圆饼，双面煎黄，抹上番茄沙司即可。

好妈妈喂养经

鱼肉、虾肉、蛋黄中都含有丰富的营养，可以补充宝宝身体发育、大脑发育所需的多种营养，合三者混合煎饼，味美色佳，营养丰富，不仅可以作为宝宝的主食，也可作为宝宝的零食。

烤豆腐饼

材料：

空心粉50克，豆腐50克，胡萝卜1根，洋葱20克，牛奶150毫升，香菜、干酪粉及奶油各适量

制作方法：

1.空心粉切成3mm长，与洋葱、胡萝卜煮至软烂；香菜切碎备用。

2.豆腐洗净捣碎，与上述材料放入烤盘，浇上奶油调味汁及牛奶搅匀。

3.将干酪粉和香菜末撒在饼上，用烤箱烤至油黄即可。

好妈妈喂养经

豆腐作为食药兼备的食品，具有益气、补虚等多方面的功能。豆腐还是植物性食物中含蛋白质比较高的，常吃豆腐可以保护肝脏，促进机体代谢，增加免疫力。

鱼肉蛋饼

材料：

鸡蛋2个，鱼肉50克，洋葱10克，番茄酱、调料各适量

制作方法：

1.鱼肉蒸熟，去骨刺，放入碗中研碎；洋葱洗净，切成碎末备用。

2.把鸡蛋打入鱼末碗中，加入洋葱末、少许盐搅拌均匀。

3.烧油锅，将馅放入油锅中煎炸。

4.将番茄酱淋到炸好的蛋饼上即可。

好妈妈喂养经

此饼软嫩鲜美，含有宝宝生长发育所需的蛋白质、脂肪、钙、铁、锌以及维生素A、维生素B_1、维生素B_2、维生素C等多种营养元素，宝宝食用不仅可以强壮身体，还有助于提高智力。

鱼肉蒸糕

材料：

鱼肉200克，洋葱1/6个，鸡蛋1个，盐适量

制作方法：

1.将鱼肉切成适当大小，剔除鱼骨、鱼刺；洋葱洗净，切小块。

2.将蛋清、洋葱块、盐放入搅拌器搅拌好。

3.把拌好的材料捏成形，放在锅里蒸10分钟即可。

好妈妈喂养经

鱼肉中富含维生素A、钙、磷、锌等，其肉质细腻鲜嫩，营养丰富，很适合宝宝食用。此外，鱼肉中还含有丰富的蛋白质和氨基酸，其所含的氨基酸的比值非常符合人体需要，容易被人体消化吸收。

香香骨汤面

材料：

脊骨200克，龙须面50克，青菜3棵，调料少许

制作方法：

1.青菜洗净后切碎；脊骨砸碎后洗净，加适量冷水用中火熬煮，煮沸后加少量米醋，再煮30分钟。

2.取骨汤，将龙须面下入骨汤中，再将切碎的青菜加入汤中直至面熟，加入少许盐调味即可。

好妈妈喂养经

骨头汤中不仅含有丰富的钙，还有宝宝身体所需的蛋白质、脂肪、铁、磷等营养元素，用其煮面，味道鲜美，可以为正在快速发育的宝宝补充钙和铁，预防软骨病和缺铁性贫血。

肉燥盖浇饭

材料：

肉末50克，莴笋30克，水发黑木耳20克，香菇（干）20克，软米饭1碗，调料适量

制作方法：

1.香菇用温水浸软后，挤干水分，切碎丁；莴笋、水发黑木耳也切成碎丁。

2.烧油锅，下肉末及配料炒匀后，再加入调料及少许水。

3.小火煮至汤汁浓稠，用湿淀粉勾芡，起锅后盖到软米饭上即可。

好妈妈喂养经

这道米饭可以补充宝宝身体所需的蛋白、粗纤维以及其他微量元素，味道鲜美，能够增加宝宝饮食欲，且有助于促进消化。

时蔬肉饼

材料：

鲜肉50克，土豆80克，番茄半个，菠菜50克，芹菜20克，盐少许

制作方法：

1.番茄去皮去籽切丁；土豆蒸熟后压成泥；菠菜、芹菜焯水后切末；鲜肉剁成泥，装盘备用。

2.将上述所有材料混合，加盐，拌匀，做成饼状，上锅蒸熟，或入油锅煎至两面金黄即可。

好妈妈喂养经

这道饼不仅材料多样，而且营养极为丰富。宝宝食用，有助于促进其生长发育，增强抗病能力，还能补充大脑发育所需的多种营养，有助于智力发育。

奶酪三明治

材料：

原味面包两片，鸡蛋1个，番茄、熟火腿各1片，奶酪、沙拉酱各适量

制作方法：

1.将面包片切去四边；锅内倒少许油，将鸡蛋打入，煎成荷包蛋。

2.在面包片上依次铺上火腿片、奶酪片、番茄片、火腿片，并涂抹些沙拉酱即可。

好妈妈喂养经

妈妈可以制作不同形状的三明治。奶酪三明治营养丰富，不仅能补充宝宝身体所需的蛋白质，还能补充宝宝大脑发育中所需的维生素A、维生素C以及钙等营养素。

荷叶烙饼

材料：

面粉250克，植物油50克

制作方法：

1.将面粉用开水烫至六成熟，再用凉水揉匀，揉好的面分成10个小团。

2.擀成2厘米厚的薄饼，将5个饼逐个刷上油，另5个饼盖在上面。

3.擀成薄饼，放入抹油的平锅中烙熟，烙熟后取出分两张放入盘中即可。

好妈妈喂养经

荷叶烙饼含有丰富的蛋白质、脂肪、碳水化合物、钙、磷等营养物质，具有清热解暑的功效，尤其适合在夏季作为零食给宝宝食用。

肉泥洋葱饼

材料：

肉泥30克，面粉50克，洋葱碎10克，葱末、调料适量

制作方法：

1.将肉泥、洋葱碎、面粉、盐、葱末，加水后拌成糊状。

2.油锅烧热，将一大勺肉糊倒入锅内，慢慢转动，制成饼状，煎熟晾温即可食用。

好妈妈喂养经

洋葱中含有蛋白质、糖类、胡萝卜素、维生素B_1、烟酸、钙、磷、铁、硒等多种营养素，对身体极为有益。洋葱中含有的维生素C和无机盐足以保证宝宝一昼夜的正常需要；洋葱还能增进食欲，改善宝宝的消化系统。

枣泥绿豆糕

材料：

绿豆250克，糯米粉500克，枣泥20克，色拉油150克

制作方法：

1.绿豆洗净，浸泡2小时，入锅用大火煮开，转小火煨至八九成熟。

2.将绿豆压成蓉，再加糯米粉、色拉油，搅打成泥，入蒸锅蒸约1小时。

3.取出绿豆条，切成块，铺上枣泥。

好妈妈喂养经

绿豆中含有丰富的营养元素，可以增进食欲、降血脂、降低胆固醇，具有清热解毒、消暑除烦，止渴健胃等作用。红枣中富含维生素、钙、铁等多种营养素，可以益智健脑，增强宝宝的食欲。

火腿鸡蛋麦糊烧

材料：

鸡蛋2个，火腿丁、虾仁丁、洋葱丁、葱末、面粉各若干

制作方法：

1.将面粉和鸡蛋倒入大碗中，加适量盐和其他配料丁，一边加水一边搅匀，使面粉鸡蛋液呈浆状。

2.煎锅内均匀淋入少许油，舀入1大勺浆液，转动煎锅使浆液均匀铺满锅底，小火煎至金黄即可。

好妈妈喂养经

鸡蛋是人类最好的营养来源之一，含有丰富的维生素、矿物质和蛋白质。这道饼不仅味道鲜美，容易诱起宝宝的胃口，还能补充宝宝生长所需的多种营养。

牛肉饼

材料：

牛肉、豆腐各50克，胡萝卜、洋葱各1/5个，蛋黄1个，牛奶半大勺，面包粉2小勺，调料适量

制作方法：

1.将备好的食材剁碎，加牛奶、面包粉、蛋黄、盐等搅拌均匀至有韧性。

2.烧油锅，将拌好的材料倒入锅中，两面煎黄即可。

好妈妈喂养经

蛋黄是健脑益智的好食材；豆腐能够提高记忆力；洋葱可以给大脑提供热能；牛肉中含有锌、镁、铁等营养素；胡萝卜可以促进骨骼的正常生长发育。这道牛肉饼营养均衡、全面，有助于宝宝健康成长。

柿饼饭

材料：

柿饼50克，大米200克

制作方法：

1.将柿饼用凉水冲洗，切成小颗粒；大米用清水淘洗干净。

2.用一饭盆，放入切碎的柿饼和大米，加入约500克的清水，拌匀后放入蒸笼蒸约40分钟，取出即可。

好妈妈喂养经

柿饼中含有大量的维生素、有机酸、胡萝卜素以及其他微量元素。用柿饼蒸饭给宝宝吃，不仅能增进宝宝食欲，还能起到润肺生津，促进宝宝肠胃蠕动的作用。

金针菇面

材料：

龙须面50克，金针菇30克，虾仁20克，青菜2棵，高汤200毫升，葱、调料各少许

制作方法：

1.金针菇洗净后切成小段；青菜、葱洗净后切碎；虾仁切成粒状。

2.油入锅，下金针菇和葱末，加少许盐翻炒片刻，倒入高汤，下虾仁和碎菜，煮沸后下龙须面，面熟即可。

好妈妈喂养经

金针菇含锌量比较高，还含有人体所需的氨基酸成分，其中赖氨酸和精氨酸含量尤其丰富，搭配营养丰富的虾仁、青菜等食材，使这道面食的营养更加均衡，有助于宝宝的生长发育。

宝宝营养益智美食食谱

蔬果类

蔬果类食物可以提供丰富的纤维素、维生素及矿物质，是宝宝维持生长发育不可缺少的食物。蔬菜制作方法多样，既可以清炒又可以作为汤食的配菜，需要注意的是，无论炒、煮，时间都不宜过长，以免损失营养。水果类的食物不仅可以榨汁兑水给宝宝饮用，还可以切块作为宝宝的零食，营养丰富，味道甜美，是宝宝不可缺少的食物。

青菜番茄蛋

材料：

鸡蛋、番茄各1个，青菜5~6棵，蒜蓉适量，调料少许

制作方法：

1.青菜洗净，入沸水锅烫熟，捞出，整齐摆在盘中；番茄洗净，切块。

2.油入锅，下蒜蓉爆香，再下番茄块，翻炒出汁时调味起锅，淋在青菜上。

3.烧油锅，将鸡蛋滑散，盖在番茄上。

好妈妈喂养经

这道菜含卵磷脂、蛋白质、铁、锰、钙、磷、维生素、胡萝卜素等营养物质，可预防贫血、夜盲症的发生，还能改善脑组织代谢，促进宝宝智力发育。

香菇豆腐

材料：

香菇20克，豆腐1块，葱丝少许，淀粉及调料各适量

制作方法：

1.香菇去蒂，洗净，切片。

2.豆腐洗净，切成小方块，用沸水焯一下，捞出后沥干水分。

3.烧油锅，下香菇片、豆腐块煸炒，加水煮至入味，放少许盐、鸡精，用水淀粉勾芡，撒上葱丝即可。

好妈妈喂养经

香菇豆腐清淡滑润，软嫩可口。香菇营养价值高，含有丰富的钙、磷、锌等营养素，不仅能为宝宝补锌，还具有提高免疫力的作用。

蜜制胡萝卜

材料：

胡萝卜200克，蜂蜜、黄油、姜末各适量

制作方法：

1.胡萝卜洗净后切成小片备用。

2.将胡萝卜片、蜂蜜、黄油、姜末及少许开水放入锅内搅匀，盖上盖，文火煮半小时至胡萝卜变软，煮的过程中偶尔搅拌一下，出锅即可。

好妈妈喂养经

此菜红艳、甜软，营养丰富，含有丰富的胡萝卜素、维生素A、碳水化合物、蛋白质、钙、铁及维生素C等营养成分。在制作时，妈妈一定要将胡萝卜煮烂，这样易于消化吸收，吃剩下的胡萝卜，可以装瓶入冰箱内，随吃随取。

清炒南瓜

材料：

嫩南瓜150克，葱、蒜、调料各少许

制作方法：

1.嫩南瓜削皮洗净后切丝备用。

2.油锅烧热后，爆香葱、蒜，放入切好的南瓜丝，撒盐调味，翻炒片刻即可。

好妈妈喂养经

南瓜中含有丰富的淀粉、蛋白质、胡萝卜素、B族维生素、维生素C和钙、磷等营养成分，是补脑的好食材。清炒南瓜味道香甜，可以补充宝宝身体和大脑发育所需的营养。

素炒黑白菜

材料：

水发黑木耳100克，大白菜200克，蒜末少许，调料适量

制作方法：

1.水发黑木耳洗净，撕成片；大白菜洗净，切成小片备用。

2.锅内放油烧热后，放入蒜末爆香，再放入大白菜片煸炒至油润透亮。

3.放入黑木耳片，加酱油、盐继续翻炒，至快熟时，用水淀粉勾芡出锅即可。

好妈妈喂养经

黑木耳中含有丰富的蛋白质、铁、磷、B族维生素等宝宝生长发育需要的营养素；大白菜中含有维生素C、胡萝卜素、钙、锌、磷、铁、粗纤维等营养素，能增强人的抵抗力。这道菜清淡爽口，是宝宝补铁、补锌的好食物。

蔬果薯蓉

材料：

土豆1个，胡萝卜数片，香蕉、木瓜、苹果、梨各少许，熔化的牛油1茶匙

制作方法：

1.土豆、胡萝卜去皮，洗净，切成薄片，加两碗水，上锅煮至软烂。

2.土豆沥干水后，压成薯蓉，加入牛油拌匀；胡萝卜、香蕉、木瓜分别压成泥；苹果、梨用小匙刮成果泥，分别混合土豆蓉同吃。

好妈妈喂养经

这道蓉集多种食材为一体，含有丰富的营养，能给宝宝提供多种营养，无论是做成泥状还是其他状态的美食，都对宝宝的身体和大脑发育有非常大的帮助。

珍珠玉米小圆子

材料：

嫩玉米1根，珍珠小圆子适量，青豆、白糖各少许

制作方法：

1.锅内倒入适量水，烧开后下入珍珠小圆子；另取一锅将嫩玉米、青豆过水煮熟。

2.将煮熟的小圆子、嫩玉米、青豆沥干水后，加白糖拌匀即可。

好妈妈喂养经

黄色的嫩玉米、白色的珍珠圆子、绿色的青豆，三者巧妙搭配，味道香甜，营养丰富，宝宝不仅能吸收身体和大脑发育所需的营养，还能感受食用美食的乐趣。

金针菇炒肉丝

材料：

金针菇300克，猪里脊肉150克，鸡蛋清35克，葱丝5克，调料适量

制作方法：

1.将金针菇切去根，洗净，切段；猪里脊肉切成丝，再放入碗内，加鸡蛋清、盐、料酒、淀粉拌匀。

2.烧油锅，下肉丝炒至断生，再下金针菇段、葱丝，翻炒片刻，调味即可。

好妈妈喂养经

金针菇富含赖氨酸和锌，有利于促进宝宝智力的发育，还能有效地增强机体的生物活性，促进新陈代谢，加速营养素的吸收和利用，能有效预防和治疗肝部疾病和胃肠道溃疡。

青椒土豆丝

材料：

土豆150克，青椒150克，调料 适量

制作方法：

1.土豆刨好丝后入淡盐水中浸泡，以防止变色，保持脆爽；青椒洗净，切丝。

2.油锅烧热，放入青椒丝煸炒片刻，倒入土豆丝炒熟，加少许盐翻炒片刻即可。

好妈妈喂养经

土豆是低热能、多维生素和微量元素的食物，每100克土豆含钾量高达300毫克。青椒中含有极其丰富的营养，维生素C含量比茄子、番茄都高，其中芬芳辛辣的辣椒素，能增进食欲、帮助消化。

清炒百合黄瓜

材料：

鲜百合、黄瓜各100克，葱花、调料各适量

制作方法：

1.将鲜百合择洗干净，分瓣、掰散。

2.黄瓜洗净，切成和百合大小差不多的薄片。

3.烧油锅，爆香葱花，下百合及黄瓜片略炒，至四成熟时，放盐炒熟即可。

好妈妈喂养经

白绿相间，口味鲜美的百合黄瓜，能激发宝宝的食欲，而且营养价值高，能促进宝宝生长发育。百合含磷和淀粉量较高，还含有人体所需的17种氨基酸、胡萝卜素、蛋白质、脂肪、维生素。

木瓜土豆蓉

材料：

土豆1个，木瓜、牛油各适量

制作方法：

1.土豆洗净后去皮切片，用大火煮至软烂，取出，沥干水后压成泥，加入牛油拌匀备用。

2.木瓜去皮，选适量切小块压成泥状，将土豆泥和木瓜泥混合即可。

好妈妈喂养经

木瓜中含有大量的糖、蛋白质、脂肪、维生素等营养，其含有的木瓜蛋白酶有助于宝宝对食物的消化和吸收，有健脾消食的功效。这道蓉可以补充宝宝身体发育中所需的养分，能增强宝宝身体的抗病能力。

猪肝丸子

材料：

猪肝30克，面粉30克，鸡蛋1个，番茄酱、葱头、淀粉、调料各适量

制作方法：

1.猪肝浸泡洗净后蒸熟，压成泥，同切碎的葱头一同放入碗内，加入面粉、蛋黄液及适量淀粉拌匀成馅。

2.油入锅，把肝泥馅挤成丸子，入锅煎熟盛入盘中，淋上番茄酱即可。

好妈妈喂养经

猪肝和鸡蛋中都含有丰富的蛋白质和铁，做成丸子，容易被宝宝消化和吸收。宝宝常食猪肝、鸡蛋，不仅能补充宝宝身体、大脑发育所需的营养，还能预防缺铁性贫血。

清蒸凤尾菇

材料：

新鲜凤尾菇250克，鸡汤、调料各适量

制作方法：

1.将新鲜的凤尾菇去除杂质后洗净，用沸水焯一下消菌杀毒，然后沿着菌褶撕开，将撕好的凤尾菇放入汤盘中备用。

2.将麻油、鸡汤、盐、味精等调料放在碗中搅拌均匀，将调好的汤汁浇在凤尾菇上，上笼清蒸，蒸熟即可。

好妈妈喂养经

凤尾菇含有较多的蛋白质、氨基酸、维生素等物质，具有补中益气、降血脂、降血压、降胆固醇的效果，很适用于肥胖症的宝宝食用。

素炒菠菜

材料：

菠菜50克，蒜末、调料各少许

制作方法：

1.菠菜洗净，用热水焯一下，切碎。

2.油倒入锅内，油热后倒入菠菜末略炒，然后加蒜末，最后加少许盐调味即可。

好妈妈喂养经

菠菜含有铁、纤维素等宝宝成长所需的营养素。妈妈在做菠菜之前，一定要先将菠菜焯一下，除去其含有的草酸，以免草酸跟宝宝体内的钙结合，形成草酸钙，影响宝宝对钙的吸收。

油煎红薯

材料：

红薯250克，黄油30克，蜂蜜、熟芝麻各少许

制作方法：

1.红薯洗净去皮，放入开水中煮软捞出，沥干后切成圆片待用。

2.在平底锅内放入黄油，油化后，放入切好的红薯片，煎至两面发黄为止，盛出后放入小盘内，浇上蜂蜜，撒上熟芝麻即可。

好妈妈喂养经

黄油煎红薯，味道香甜。红薯蒸熟后再煎，有利于宝宝消化吸收；红薯中含有丰富的糖、纤维素以及多种维生素等营养元素，其中的维生素C和维生素E可以提高宝宝身体的免疫力。

青椒炒肝丝

材料：

猪肝150克，青椒80克，葱、姜各少许，淀粉、白糖以及调料各适量

制作方法：

1.猪肝洗净浸泡1小时后，切成丝，加入淀粉后抓匀；青椒洗净后切丝，备用。

2.锅中放少许油，将调好的猪肝丝下入四五成热的油中滑散后捞出。

3.锅内留少许油，葱、姜下锅爆香，下入青椒丝、料酒、白糖、盐及少许水，烧开后用水淀粉勾芡。

4.倒入猪肝丝，淋入少许香油、醋炒匀即可。

好妈妈喂养经

青椒炒猪肝味道可口，爆出的猪肝脆嫩，青椒香软中略有青味，汤汁浓郁，而且含有丰富的铁、蛋白质及维生素A，经常食用可补血，对患缺铁性贫血的宝宝效果极佳。

柠檬土豆片

材料：

土豆50克，小白菜2棵，柠檬半个，盐、白糖各少许

制作方法：

1.土豆洗净后，切成丁，入锅煮到酥烂；小白菜择洗干净后，用开水烫熟，切段；柠檬挤出汁，备用。

2.将土豆丁和小白菜段装盘，淋上柠檬汁，加少许盐、白糖，拌一下即可。

好妈妈喂养经

这道菜是一道低卡路里的食物，具有蔬菜类和淀粉类食材的双重优点，既可以当菜又可以当饭，不仅适合不喜欢吃蔬菜的宝宝食用，对身体有些胖的宝宝也很适合。

琥珀桃仁

材料：

核桃仁150克，熟芝麻10克，白糖、调料各适量

制作方法：

1.油入锅烧热，倒入核桃仁，中火炒至核桃仁肉泛黄，捞出控油。

2.去掉锅内的油，倒入2勺开水，放入白糖，搅至融化，倒入核桃仁不断翻炒至糖浆变成焦黄，全部裹在核桃上，再撒入熟芝麻，翻炒片刻即可。

好妈妈喂养经

核桃和芝麻中都含有磷脂，对脑神经有良好的保健作用，其中的锌、锰等微量元素，对宝宝的身体和大脑发育也很有好处，是宝宝健脑益智的好食物。

什锦沙拉

材料：

鸡蛋1个，玉米棒1根，火腿10克，胡萝卜1根，土豆1个，原味沙拉适量，橄榄油少许

制作方法：

1.鸡蛋、土豆煮熟后切丁；玉米煮熟后剥粒，备用。

2.胡萝卜洗净，去皮，切丁；火腿切丁。

3.将所有材料一起放入大碗中，加入适量原味沙拉和橄榄油，搅拌均匀即可。

好妈妈喂养经

这道什锦沙拉不仅颜色鲜亮，而且味道香美，能够引起宝宝的食欲，还能补充宝宝身体发育以及大脑所需的多种营养，让宝宝越吃越健康，越吃越聪明。

番茄沙拉

材料：

番茄1个，千岛沙拉酱少许

制作方法：

1.锅中烧适量热水，在番茄上划十字，放入锅中烫一下。

2.将烫后的番茄去皮后，切成小丁，拌上千岛沙拉酱即可。

好妈妈喂养经

番茄中含有丰富的维生素、蛋白质、纤维素、胡萝卜素以及钙、磷、钾、镁、铁、锌、铜等多种矿物质，其中含有的维生素A原，在人体内可转化为维生素A，能促进宝宝的骨骼发育。

苹果色拉

材料：

苹果1个，酸奶酪、蜂蜜各适量

制作方法：

1.苹果洗净，去皮后切丁。

2.将苹果丁放入小碗内，加入酸奶酪和蜂蜜，拌匀后即可喂食。

好妈妈喂养经

这道食物色美，味酸甜，含有丰富的蛋白质、碳水化合物、维生素C、钙、磷，另外，维生素A、维生素B_1、维生素B_2和尼克酸、铁等含量也较高，有助消化，健脾胃的功效。

苹果酱

材料：

苹果1个，白糖适量

制作方法：

1.苹果削皮去芯，对剖成八块，浸于盐水中。

2.将苹果块倒入锅中，撒少量白糖，加少量水，以中火煮至苹果呈透明色，并溢出甜甜的香味时，拌入余下的白糖，调整甜味即可。

好妈妈喂养经

苹果酱细软、酸甜，营养极为丰富，除含有大量的果糖、蔗糖、果胶、水分外，还含有一定数量的果酸、维生素、蛋白质、脂肪和铁、磷、钙等人体不可缺少的营养成分。

水果沙拉

材料：

苹果50克，葡萄干5克，橙子1瓣，番茄半个，酸奶酪15克

制作方法：

1.将苹果洗净去皮、去核；葡萄干泡软；橙子剥皮、去子。

2.苹果、葡萄、橙子、番茄切丁。

3.用酸奶酪将各种水果材料拌匀即可食用。

好妈妈喂养经

这道沙拉不仅含有多种维生素、无机盐、糖类等组成大脑所必需的营养成分，还含有丰富的锌元素，锌可增强宝宝的记忆力。经常给宝宝吃水果，有助于宝宝智力的发育。

宝宝营养益智美食食谱

肉蛋类

肉蛋类食物含有多种营养素，营养价值很高，是宝宝健脑益智的好食材。肉类食物可提供血红素，促进铁吸收，能预防缺铁性贫血，促进大脑发育；鸡蛋中富含DHA、卵磷脂、卵黄素，可以促进神经系统和身体发育，有改善记忆力、健脑益智的作用；动物肝脏也是宝宝生长发育必须要摄取的食物，它富含铁元素，能预防宝宝发生缺铁性贫血。制作这些类别的食材时，尽量搭配蔬菜，均衡营养，还能从色、香、味上刺激宝宝的食欲。

牛奶布丁

材料：

牛奶80克，鸡蛋1个，白糖10克

制作方法：

1.将鸡蛋磕入碗中，打散。

2.加入牛奶搅拌均匀，调入少许白糖。

3.放入容器中，盖上保鲜膜，上锅蒸15分钟左右，再淋入少许牛奶即可。

好妈妈喂养经

鸡蛋中含有丰富的卵磷脂，有健脑益智的作用；牛奶是常见的补钙食物，富含优质蛋白、维生素A、磷、镁等营养物质，易为人体消化吸收，而且牛奶中的乳糖也有助于钙的吸收。

炒三丁

材料：

鸡蛋2个，豆腐100克，黄瓜1根，淀粉少许，葱、姜及调料各适量

制作方法：

1.去除蛋清，将蛋黄放入碗内调匀，倒入抹油的盘内，上笼蒸熟，取出切成小丁；豆腐、黄瓜切成丁。

2.烧油锅，爆香葱、姜，下备好的材料翻炒，再加适量水及盐，烧透入味，水淀粉勾芡即可。

好妈妈喂养经

豆腐营养丰富，含有铁、钙、磷、镁等人体必需的多种元素，还含有糖类、植物油以及丰富的优质蛋白。这道菜不仅能补充宝宝身体所需的营养，促进身体和大脑发育，还有清热解毒、治疗咽喉肿痛的效果。

番茄炒蛋

材料：

番茄1个，鸡蛋2个，葱、蒜各少许，调料适量

制作方法：

1.番茄洗净后切成丁；鸡蛋磕入碗中打散，入油锅炒散，盛盘备用。

2.烧油锅，爆香葱、蒜，下番茄丁翻炒，加入糖，稍焖一下，再加入盐，翻炒片刻，再加入炒好的鸡蛋，翻炒片刻即可。

好妈妈喂养经

番茄中含有丰富的胡萝卜素、维生素C以及B族维生素；鸡蛋中含有丰富的蛋白质。这道菜色美味鲜，不仅能激发宝宝的食欲，还能补充宝宝身体、大脑发育所需的营养成分。

香菇鸡蛋羹

材料：

鸡蛋1个，鲜香菇50克，调料少许

制作方法：

1.鲜香菇去蒂，用水冲洗干净，切丁。

2.鸡蛋磕入碗中，打均匀后加入温开水，边加边拌匀，再加入盐、鸡精，充分搅匀。

3.倒入香菇丁搅匀，入锅蒸10分钟左右，出锅，淋上少许香油即可。

好妈妈喂养经

鸡蛋中所含的营养成分全面且丰富，被称为"人类理想的营养库"，它含有的卵磷脂可促进大脑发育。香菇中也富含多种营养成分，有"悦神"的功效。让宝宝食用这道菜，有助于宝宝增高、增重，提高智力。

嫩菱炒鸡丁

材料：

嫩菱角30克，鸡胸肉50克，鸡蛋2个，红椒20克，姜、葱、调料各少许

制作方法：

1.鸡胸肉切丁后加入盐；鸡蛋磕入碗中，取蛋清与水淀粉调匀；嫩菱角去壳后切丁，入开水锅中焯一下捞出；红椒洗净，切丁。

2.烧油锅，下鸡胸肉丁、葱、姜炒一下，再下红椒丁煸炒片刻，最后下菱角丁翻炒，调味即可。

好妈妈喂养经

菱角中含有丰富的淀粉、蛋白质、葡萄糖、不饱和脂肪酸及多种维生素，如：维生素B_1、维生素B_2、维生素C、胡萝卜素及钙、磷、铁等矿物质，加入鸡丁，不仅味道更鲜美，而且还具有强身健脑的效果。

马蹄狮子头

材料：

马蹄20克，五花肉末50克，鸡蛋1个，生姜、生粉、调料各少许

制作方法：

1.马蹄、生姜切末；鸡蛋磕破取蛋清。

2.将切好的马蹄末和生姜末与其他材料一起搅拌至黏稠，用手捏成大小适中的肉圆，上锅蒸熟即可。

好妈妈喂养经

这道菜营养丰富，能为宝宝提供丰富的优质蛋白和人体必需的脂肪酸以及维生素A、钙、铁、锌等营养素，而且味道鲜甜美味，能提高宝宝的食欲。

虎皮鹌鹑蛋

材料：

鹌鹑蛋4~5个，冬笋30克，香菇20克，糖色、淀粉、葱、姜各少许，调料适量

制作方法：

1.鹌鹑蛋洗净，煮熟，剥壳备用。

2.冬笋削去筋、皮，切成片，用开水汆透，捞出，过凉水；香菇用高汤煨煮。

3.油入锅，烧至七成热时炸鹌鹑蛋至金黄色，捞出，控去油。

4.锅中留底油，煸葱、姜，烹料酒，加入生姜、盐、味精，用糖色把汤调成浅黄色，放入鹌鹑蛋、冬笋片、香菇，用微火煨10分钟，用调稀的淀粉勾芡，淋上香油，出锅即可。

好妈妈喂养经

鹌鹑蛋中含有丰富的卵磷脂、矿物质和维生素，不仅能促进身体发育，还有健脑的作用。冬笋质嫩味鲜，清脆爽口，含有蛋白质、维生素、钙、磷等营养元素，不仅能够提高宝宝的食欲，还能补充宝宝身体所需的多种营养元素。

香干夹肉

材料：

香干10块，肉糜50克，调料适量

制作方法：

1.香干切小块，每块斜角剖开。

2.肉糜加料酒、淀粉拌匀后，夹入香干内。

3.锅内放少许水，放入夹好肉的香干，大火煮开后改小火焖30分钟，加少许酱油、糖和盐调味即可。

好妈妈喂养经

香干夹肉口味浓郁、味道鲜美，含有优质的动物蛋白以及植物蛋白，能够促进宝宝的大脑发育，其富含的锌和维生素B_1，具有清热、润燥的效果，很适合在炎热的夏季给宝宝食用。

土豆丝摊鸡蛋

材料：

鸡蛋、土豆各1个，葱、调料各适量

制作方法：

1.土豆去皮切成细丝，打入鸡蛋，洒上盐，用筷子将鸡蛋和土豆丝搅拌均匀。

2.将平底锅烧热放油，把搅好的蛋糊平摊在锅内，两面煎黄，土豆丝熟透后出锅装盘，撒上葱花即可。

好妈妈喂养经

土豆中含有丰富的蛋白质、维生素以及矿物质；鸡蛋中富含DHA和卵磷脂、卵黄素，有健脑益智、改善记忆力的作用。用土豆和鸡蛋做饼，能补充宝宝身体所需的营养，让宝宝越吃越聪明。

生菜肉卷

材料：

生菜叶2片，牛肉50克，鸡蛋1个，盐少许

制作方法：

1.生菜叶洗干净后，放到开水中焯一下，沥干水；牛肉剁成肉酱；鸡蛋搅开，拌入牛肉酱加盐调匀。

2.用生菜叶将调好的牛肉酱包好，做成生菜卷，上锅蒸熟即可。

好妈妈喂养经

牛肉中蛋白质和氨基酸含量都很丰富，可以促进宝宝生长发育，让宝宝长得更高；生菜中的维生素含量丰富。牛肉生菜一起搭配，能够满足宝宝身体发育所需的多种营养元素。

木耳肉丝

材料：

猪瘦肉50克，水发木耳20克，姜丝、调料各少许

制作方法：

1.水发木耳洗净，切碎；猪瘦肉洗净，切丝，备用。

2.锅内放油烧热后，下入木耳碎、姜丝煸炒几下，然后倒入肉丝，翻炒3分钟，熟后加盐调味即可。

好妈妈喂养经

木耳除了含有蛋白质、脂肪、糖和钙、磷、铁等矿物质外，还含有丰富的胡萝卜素、维生素B_1、维生素B_2、烟碱酸等营养元素，食后对胃肠中的纤维素和毛类等不易消化的腐败物有很强的黏着作用，能净化宝宝肠胃，促进身体健康。

鱼泥豆腐羹

材料：

鲜鱼1条，嫩豆腐1块，淀粉适量，香油、盐各少许

制作方法：

1.将鲜鱼洗净，加少许盐、姜，上蒸锅蒸熟后剔除骨刺，捣成泥状。

2.将水煮开加少许盐，把嫩豆腐切成小块放入锅中，煮沸后加入鱼泥。

3.加入少量淀粉，勾芡成糊状，滴入香油即可。

好妈妈喂养经

鱼肉营养丰富，富含的蛋白质，能促进宝宝骨骼和肌肉的快速生长，与豆制品都含丰富的铁，是宝宝补铁的好食材，合二烹制的鱼泥豆腐羹，不仅味美，还有助于增强宝宝的抵抗力，促进生长发育，帮助宝宝健康成长。

什锦鸡蛋羹

材料：

鸡蛋1个，虾仁5克，香菇适量，香油、淀粉、盐、葱花各少许

制作方法：

1.虾仁剁碎；香菇浸泡，去蒂，洗净剁碎，备用。

2.鸡蛋在碗中打散，放入切碎的虾仁、香菇，加水、淀粉、盐、香油搅拌均匀，上锅蒸15分钟，撒上葱花即可。

好妈妈喂养经

此菜营养丰富，宝宝食用能获得全面而合理的营养，有利于宝宝各器官的生长发育。鸡蛋黄中富含的卵磷脂和和脑磷脂，可以促进大脑发育，加上其他材料，可以激发宝宝的食欲，让宝宝吃出健康、吃出聪明。

韭菜炒羊肝

材料：

韭菜50克，羊肝50克，葱、姜、调料各适量

制作方法：

1.韭菜洗净后切小段；羊肝洗净去筋膜，切片。

2.油入锅，爆香葱、姜，加入羊肝片略炒，再入韭菜段和酱油，用旺火急炒，至熟，加盐、味精调味即可。

好妈妈喂养经

羊肝要炒熟、炒匀，以免生肉中的毒菌被宝宝食用，也可先用水煮熟后再炒，这样比较安全。羊肝性味甘平，有补血、益肝、明目的作用；韭菜味甘辛，性温，能温中开胃。

豌豆炒碎肉

材料：

青豌豆2克，肉末50克，调料适量

制作方法：

1.青豌豆洗净，捣碎；肉末剁成酱。

2.锅中放入适量植物油，油锅烧热后下入肉末，翻炒两下后加入青豌豆末，加少量水，焖煮5分钟左右即可。

好妈妈喂养经

豌豆中富含蛋白质、碳水化合物、脂肪、维生素、胡萝卜素以及宝宝所需的多种微量元素。将豌豆和肉末混炒，色泽艳丽，从视觉上能引起宝宝的兴趣；宝宝食用后，能补充身体和大脑发育所需的营养。

蛋皮虾仁如意卷

材料：

鸡蛋2个，鲜虾仁30克，豆腐20克，淀粉、调料各适量

制作方法：

1.鲜虾仁去壳，去泥线，加入少许盐、淀粉、香油搅拌均匀。

2.鸡蛋在碗中打散，中火烧热煎锅，放少许油，将其煎成薄蛋皮。

3.将调好的虾仁均匀放在蛋皮上，然后将其卷成卷，上蒸锅蒸熟即可。

好妈妈喂养经

鸡蛋中有丰富的优质蛋白质，蛋黄含有丰富的卵磷脂、甘油三酯、胆固醇和卵黄素，对宝宝的神经发育有重要作用；虾仁含有丰富的钙元素。这道菜既可健脑益智，又有强筋壮骨的作用。

豆豉牛肉末

材料：

豆豉15克，牛肉30克，鸡汤、调料各适量

制作方法：

1.将牛肉洗净后剁碎；豆豉切碎。

2.烧油锅，下入牛肉末煸炒片刻，待牛肉炒至六成熟时下入碎豆豉，加入鸡汤和酱油，搅拌均匀，调味即可。

好妈妈喂养经

牛肉中含有丰富的蛋白质，是宝宝生长发育必需的营养素，有和胃、增血、强筋壮骨的作用；豆豉中含有丰富的钙、磷、铁、维生素E，能促进体内新陈代谢，对宝宝的发育十分有益。

牛肉麦皮

材料：

麦皮2汤匙半，牛肉50克，调料适量

制作方法：

1.麦皮放入碗中，加入适量清水泡20分钟，用汤匙搅烂；牛肉洗净，抹干水后剁碎，加入腌料腌20分钟。

2.锅内放适量水烧开，下麦皮烧开，转慢火煲成稍稀的糊状，下牛肉末搅匀煲熟，加少许盐调味即可。

好妈妈喂养经

牛肉和麦皮中含有丰富的蛋白质，特别是牛肉中的优质蛋白，能够促进宝宝的大脑发育；牛肉中还含有人体所需的铁元素，能够预防缺铁性贫血的发生。

红烧碎肉

材料：

五花肉50克，姜1片，老抽适量，红糖少许，大豆油适量

制作方法：

1.五花肉切成碎块备用。

2.将油加热放红糖炒，炒至糖变色加碎肉，再炒片刻后，加水、姜片和老抽，转小火煮至肉烂即可。

好妈妈喂养经

猪肉中含有丰富的优质蛋白和必需的脂肪酸，并提供有机铁和促进铁吸收的半胱氨酸，能改善缺铁性贫血。这道菜营养丰富，容易吸收，不仅能补充宝宝身体和大脑发育所需的营养，还能补充皮肤的养分，使宝宝的皮肤更好。

叉烧炒蛋

材料：

鸡蛋1个，叉烧肉20克，葱末、香菜末各少许，调料适量

制作方法：

1.叉烧肉切薄片；鸡蛋打入碗内，加入盐、味精、胡椒粉搅匀。

2.烧油锅，将叉烧肉片略炒一下，然后将叉烧肉片、葱末倒入蛋液中拌匀。

3.烧油锅，将拌好的蛋液倒入锅内，用文火炒至金黄色时，撒上香菜末。

好妈妈喂养经

叉烧和鸡蛋的营养丰富，可以给宝宝提供优质蛋白质、维生素以及多种矿物质，能促进宝宝的身体发育。叉烧炒蛋颜色金黄，味道鲜美，能引起宝宝的食欲。

鸡丝卷

材料：

鸡蛋3个，猪瘦肉500克，淀粉、面粉各适量，调料少许

制作方法：

1.猪瘦肉剁成泥，加适量淀粉，少许盐、香油、料酒、味精、少量水后拌匀。

2.鸡蛋打入碗中，加入适量淀粉、面粉搅拌均匀，用中火摊成薄皮。

3.将蛋皮置于平盘中，铺上肉泥，卷成宽条，炸熟，凉后切片即可。

好妈妈喂养经

这道鸡丝卷含有蛋白质、脂肪、碳水化合物、钙、磷、铁、维生素等营养物质，可为宝宝生长发育提供能量，有助于宝宝的智力发育。注意不要长期大量食用，以免造成宝宝肥胖。

咸蛋黄炒南瓜

材料：

南瓜200克，咸鸭蛋黄2个，葱末、调料各适量

制作方法：

1.将咸鸭蛋黄和料酒放入小碗中，蒸8分钟后取出，趁热用小勺碾散。

2.南瓜洗净去皮，去瓤，切薄片。

3.烧油锅，下葱末爆香，加入南瓜片煸炒3～5分钟，炒至南瓜发软，再倒入咸鸭蛋黄与少许盐，翻炒均匀即可。

好妈妈喂养经

南瓜性温，不仅有润肺益气、化痰排浓、驱虫解毒、治咳止喘、疗肺痈与便秘等作用，还有很高的营养价值，其含有丰富的B族维生素、维生素C、钙、铁、蛋白质等营养物质，可预防口角炎、贫血发生。

滑炒鸭丝

材料：

鸭脯肉100克，鸡蛋1个，香菜、莴笋、葱、姜丝、淀粉各少许，调料适量

制作方法：

1.鸡蛋磕破，取其蛋清；香菜洗净切碎；莴笋切片；鸭脯肉切丝，放入碗内，加入盐、味精、蛋清、淀粉抓匀。

2.烧油锅，滑透鸭丝，下葱、姜丝、莴笋片和香菜末翻炒，调入料酒、味精、盐，再翻炒数下即可。

好妈妈喂养经

鸭肉中含有人体所需的蛋白质、脂肪、碳水化合物、维生素B_1、维生素B_2以及钾、钠、钙、磷、铁等营养元素。这道菜味道鲜美，宝宝食用后，能够补充身体所需的多种营养元素。

芹菜肉丝

材料：

芹菜300克，瘦肉150克，姜末5克，蒜末3克，调料适量

制作方法：

1.将芹菜洗净，切段；瘦肉洗净切丝，用酱油、料酒拌匀。

2.锅内放油，烧至四五成热时，下姜末、蒜末炝锅，再放入肉丝，煸炒至肉色变白后加入芹菜段，大火快炒，调味即可。

好妈妈喂养经

这道菜色泽鲜艳，清淡爽口，可促进宝宝的食欲。芹菜含铁量高，为补血佳品。同时，芹菜含有的碱性成分，对人体有安神的作用，有利于安定情绪，消除烦躁。

冬瓜球肉丸

材料：

冬瓜50克，猪瘦肉300克，姜末、葱花、调料各少许，高汤适量

制作方法：

1.冬瓜削皮剜成冬瓜球；猪瘦肉洗净，剁成肉泥与盐、姜末拌匀成肉馅，揉成小肉丸。

2.冬瓜球和肉丸用高汤煮熟，撒上葱花，取丸子直接食用即可。

好妈妈喂养经

冬瓜中含大量糖类、多种维生素和矿物质，有祛痰清火、利水消肿的作用。如果宝宝暑热感冒，吃点冬瓜会有很好的解热作用。冬瓜本味清淡，多配以肉类等来煮食，能使冬瓜更入味，营养搭配也更均衡。

松仁玉米烙

材料：

甜玉米1根，松仁50克，鸡蛋液、生粉各适量

制作方法：

1.将玉米粒剥好，入开水锅中焯一下，捞出控水。

2.将玉米粒、鸡蛋液、生粉混合搅匀；松仁过油稍炸。

3.煎锅中涂一层油，均匀摊上玉米粒蛋液，撒上松仁，煎黄即可。

好妈妈喂养经

玉米中含有蛋白质、脂肪、淀粉、钙、磷、铁、维生素以及胡萝卜素等。这道烙饼不仅味道甜美、颜色亮丽，容易引起宝宝的食欲，还能够补充宝宝大脑发育所需的营养，具有健脑益智的功效。

家常豆腐

材料：

豆腐100克，牛肉片50克，高汤、葱、姜、调味各适量

制作方法：

1.豆腐洗净后，切成三角形在油锅中煎至两面金黄后取出。

2.烧油锅，爆香葱、姜，下牛肉片炒散，再加入豆腐片及少许高汤，入料酒、酱油、盐调味，烧开后煮5分钟即可。

好妈妈喂养经

牛肉中含有肌氨酸、维生素B_6以及钾等身体发育所需的营养元素，能提高宝宝的免疫力，有助于宝宝的生长发育。这道菜营养丰富，非常适合作为宝宝的营养餐。

黄瓜炒鸡蛋

材料：

黄瓜1根，鸡蛋2个，调料适量

制作方法：

1.鸡蛋磕入碗中，打散；黄瓜洗净，切成片。

2.烧油锅，将鸡蛋炒散，待用。

3.锅中倒油，烧热后，倒入黄瓜片，翻炒至七成熟时，倒入鸡蛋，加适量盐、味精调味即可。

好妈妈喂养经

黄瓜清香，含有多种微量元素，有清热、解渴、利水、消肿等功效；鸡蛋营养丰富，不仅能提供宝宝身体发育对蛋白质的需要，还有健脑益智的功效。

白饭鱼蒸蛋

材料：

鸡蛋1个，白饭鱼50克，胡萝卜少许

制作方法：

1.胡萝卜去皮，切成小粒，放入沸水中烫熟烂。

2.用开水烫白饭鱼，捞起后去骨切碎。

3.鸡蛋打散，与白饭鱼末同放一深碟内，注入1杯凉开水拌匀，用中火蒸约5分钟，蛋熟后加入胡萝卜丁即可。

好妈妈喂养经

白饭鱼蒸蛋营养丰富，其中的胡萝卜具有开胃的功效，可增强食欲。婴幼儿肾脏尚未发育完善，不宜食用过咸食物，白饭鱼本身就有一定咸味，所以用开水烫去咸味，不用加盐就可食用。

银杏焖鸭

材料：

鸭1只，玉竹、银杏各50克，北沙参10克，冰糖、蜂蜜、葱、蒜、姜及调料各适量

制作方法：

1.鸭清洗干净，里外抹匀蜂蜜，放入热油中炸成金黄色，然后在鸭膛内填入银杏、玉竹、北沙参、葱、蒜、姜、冰糖。

2.烧油锅，下葱、姜、蒜和盐炒香，加入酱油、料酒和水，烧开后与鸭一同倒入沙锅内焖熟烂。

好妈妈喂养经

这道菜汤鲜肉美，营养价值高，含有丰富的蛋白质、B族维生素和维生素E等，具有补肾、滋阴、养胃、利水消肿、定喘止咳等功效，对夜尿多、遗尿的宝宝有一定辅助治疗作用。

海带炒肉丝

材料：

猪瘦肉50克，海带100克，葱花、姜丝各少许，淀粉、白糖、调料各适量

制作方法：

1.海带洗净，切成细丝，放入锅内蒸15分钟，等海带丝软烂后，取出待用。

2.将准备好的猪瘦肉用清水洗净，切成肉丝。

3.油入锅，烧热后下入肉丝，用旺火煸炒1～2分钟，加入葱花、姜丝、酱油，翻炒均匀，再下海带丝，加适量清水、盐、白糖，再炒1～2分钟，用湿淀粉勾芡出锅即可。

好妈妈喂养经

海带富含碘和钙，能促进骨骼、牙齿生长，是宝宝生长发育过程中不可缺少的保健食品。海带中还含有较多的铁，可预防宝宝缺铁性贫血。海带与猪肉相配，营养价值更高、更全面。

宝宝营养益智美食食谱

水产品类

水产类食物中所含的营养，对大脑发育极为有益。鱼肉营养价值极高，宝宝经常食用，能促进其生长发育以及智力的发展；虾类的营养价值也很高，是健脑益智、强身健体的好食材。用水产品制作的菜肴味道鲜美、肉质鲜嫩，可以强身健体。需要注意的是，给宝宝吃这类食物时，要先确认宝宝没有过敏反应后，再逐渐加量并丰富种类。

奶油焖虾仁

材料：

虾仁250克，鸡蛋1个，奶油、调料各适量

制作方法：

1.虾仁用水浸泡后，挑去背部的泥肠，洗净后，用干净的棉布吸去水分。

2.烧油锅，下虾仁大火快炒，加入料酒、盐，待虾变色后立即取出。

3.鸡蛋打入碗中，滤去蛋清，留下蛋黄，打散；奶油倒入锅中，小火煮约5分钟与奶油混合均匀，下虾仁稍煮即可。

好妈妈喂养经

奶油焖虾仁中含有丰富的脂肪、蛋白质、维生素等营养物质，有利于促进宝宝智力发育和生长发育，让宝宝越吃越聪明。

芹菜虾仁

材料：

芹菜150克，虾仁50克，葱、姜、蒜及调料各适量

制作方法：

1.葱、姜、蒜洗净切丝；虾仁去泥肠，洗净后沥干水分，加入姜丝、料酒、淀粉和少量盐，用手捏几下上浆，放入冰箱冷藏至少半小时。

2.芹菜洗净切断，用开水焯熟，捞出，用凉水降温后沥干备用。

3.油入锅，烧热后，爆香葱丝、姜丝、蒜丝及冷冻后的虾仁，随后放入芹菜段，加入适量盐和味精，翻炒片刻即可盛出装盘。

好妈妈喂养经

芹菜中含有丰富的铁、锌以及纤维素等，芹菜的叶、茎都含有挥发性物质，别具芳香，能增强人的食欲。这道菜营养丰富，味道鲜美，不仅可以诱起宝宝的食欲，还可以补充宝宝身体和大脑日常所需的钙、锌、磷等营养元素。

虾肉黄瓜片

材料：

鲜虾肉50克，黄瓜200克，淀粉、葱花、姜片各少许，调料适量

制作方法：

1.取鲜虾肉，洗净后切成小段，用料酒、酱油、葱花、姜片加少许水，浸泡1小时；黄瓜洗净切成片；淀粉加少许水调好备用。

2.油入锅，烧至七成热时，将虾段蘸匀淀粉汁，下油锅炒熟，拨在锅边，用余油快炒黄瓜片，然后将虾段拨下来与黄瓜同炒，加入盐调味，用旺火翻炒几下即可。

好妈妈喂养经

虾仁中含有丰富的蛋白质、脂肪、尼克酸、钙等营养元素；黄瓜中也含有丰富的营养，如：胡萝卜素、钙、铁、葫芦素、黄瓜酶等。这道菜不仅色香味美，营养也更全面，能提高宝宝的免疫力。

花菜炒虾仁

材料：

花菜150克，鲜虾仁80克，胡萝卜半根，白糖、淀粉、姜片、葱花、生粉、调料各适量

制作方法：

1.花菜撕小朵洗净，焯水；鲜虾仁洗净后在背脊切一刀，加少许盐和湿生粉腌好；胡萝卜去皮切小片。

2.烧油锅，下虾仁快炒至八成熟时取出。

3.锅中留油，下姜片、花菜、胡萝卜片，炒至七成熟，再下虾仁、葱花，调味勾芡。

好妈妈喂养经

花菜含多种矿物质以及人体所需的氨基酸、维生素，与虾仁搭配食用，使这道菜的营养更加丰富，不仅补充宝宝身体所需的营养元素，还能促进宝宝智力发育。宝宝常食用，能够预防心血管疾病，还能强化肠胃的消化吸收功能。

百合蒸鳗鱼

材料：

百合100克，鳗鱼1条，葱末、姜末以及调料各适量

制作方法：

1.百合浸水后撕去内膜用盐擦透洗净，装入盘内。

2.鳗鱼洗净后，内外抹盐，加入料酒浸渍10分钟后，放于百合上面，撒上葱末、姜末、味精，上蒸笼熟即可。

好妈妈喂养经

鳗鱼味甘，性平，能补虚益血，含有丰富的蛋白质、脂肪、钙、磷、铁及维生素；百合味甘、微苦、性微寒，有润肺止咳、清心安神的作用，含有淀粉、蛋白质、脂肪、多种生物碱、钙、磷、铁等营养成分，营养价值较高。

清蒸鳕鱼

材料：

鳕鱼100克，葱、姜、酱油、盐和料酒各适量

制作方法：

1.将准备好的鳕鱼洗净，在鱼背部每隔25厘米斜片一刀，刀深至骨，放入盘中。

2.葱、姜切细丝置鱼身上，内外抹盐，淋上一小勺料酒、半小勺酱油，入锅蒸熟即可。

好妈妈喂养经

鳕鱼肉味鲜美、骨软、营养价值高，含有丰富的蛋白质、维生素A、钙、镁等人体所需的营养元素，营养丰富，肉甘味美，宝宝食用，有助于增强消化功能和免疫力。

BB 鲜虾肉

材料：

鲜虾肉50克，调料适量

制作方法：

1.将鲜虾肉洗净，放入碗内，加少许水，上笼蒸熟。

2.加少许盐、香油调味，搅匀淋在虾肉上即可。

好妈妈喂养经

虾肉中含有丰富的磷、钙、铁及维生素A、维生素B_1、尼克酸、优质蛋白质、脂肪等营养元素，具有补肾益气、促进骨骼发育的作用，对宝宝的大脑发育也很有好处。制作这道菜时注意要将虾皮剥干净，虾肉要蒸熟、蒸烂。

BB 海鲜大动员

材料：

鲜虾1只，熟蟹肉10克，通心粉15克，酸奶10克，盐、乳酪各少许

制作方法：

1.将鲜虾剥壳取出泥肠后，与通心粉一起煮熟、切碎。

2.将虾肉丁、通心粉碎以及熟蟹肉装在一个盘子里，用酸奶拌均匀，加少许盐调味，撒上乳酪即可。

好妈妈喂养经

蟹肉营养价值很高，含有蛋白质、脂肪、钙、磷、胡萝卜素及少量碳水化合物等营养元素，和鲜虾组合，是高蛋白、低脂肪的极好搭配，非常容易消化吸收。

BB 清蒸鲜鱼

材料：

鲜鱼150克，葱、姜、火腿、香菇、调料各少许

制作方法：

1.将备好的食材清洗干净，葱、姜、火腿、香菇切细丝，鱼背切花刀。

2.将洗净的鱼放入开水锅中烫一下，去腥，捞出后放盘中，将葱丝、姜丝、火腿丝、香菇丝塞入花刀内和鱼腹中，淋上酱油、料酒、盐和少许葵花籽油，上锅蒸熟即可。

好妈妈喂养经

清蒸鲜鱼，保留了鱼的鲜味。鱼中富含的蛋白质、维生素以及DHA等，都有助于宝宝的大脑发育。给宝宝吃这道菜，能补充宝宝日常所需的营养，让宝宝吃出健康、吃出聪明。

虾米烧冬瓜

材料：

冬瓜200克，虾米、葱花、调料各适量

制作方法：

1.冬瓜削皮去瓤，切成菱形块；虾米用温水稍泡后洗净，沥干待用。

2.油倒入锅中，稍热后投入冬瓜块煸炒。

3.加入虾米、盐、少许水，翻炒均匀，盖上锅盖烧透入味后，撒上葱花翻炒片刻即可出锅。

好妈妈喂养经

这道菜味道鲜美，能够引起宝宝的食欲。冬瓜中含有大量的水分和维生素C，有清热解毒、利尿消肿、止渴除烦、提高身体免疫力等功效；虾米中含有丰富的钙、碘等成分，也是宝宝大脑发育过程中不可缺少的元素。

油菜虾仁豆腐

材料：

豆腐100克，油菜50克，虾仁10克，葱花、淀粉及调料各适量

制作方法：

1.将豆腐切成丁；虾仁用开水泡发后切碎；油菜择洗干净后切碎，备用。

2.油入锅，烧热后下葱花爆香，再下豆腐丁、虾仁碎，翻炒几下放少量水，煮沸后放入油菜碎，再加入少许盐，用水淀粉勾芡，最后滴入香油即可。

好妈妈喂养经

油菜虾仁豆腐中含有宝宝生长发育所需的优质蛋白质、脂肪、维生素B_1、维生素B_2、维生素C、胡萝卜素以及钙、磷、铁等营养素，其味鲜美，不仅能诱起宝宝的食欲，还能补充宝宝身体、大脑发育所需的营养。

白菜煮虾仁

材料：

大白菜150克，虾仁30克，蒜和调料各少许

制作方法：

1.虾仁洗净，放入腌料搅拌均匀，放置10分钟后入开水锅中烫至变色，取出；大白菜洗净，切粗丝；蒜拍碎。

2.烧油锅，爆香蒜末，下大白菜丝翻炒至软化，放入虾仁拌炒，调味即可。

好妈妈喂养经

大白菜能增强机体的抵抗力，对感冒有一定的预防和治疗效果。大白菜中含有丰富的锌，虾仁中含有丰富的钙，二者同煮食用，能够有效地帮助宝宝补锌、补钙，可预防佝偻病。

奶油三文鱼

材料：

三文鱼50克，奶油15克，黄油1小勺，洋葱1片，盐少许

制作方法：

1.三文鱼洗净，切片，撒上盐腌一会儿。

2.将黄油加热，加切碎洋葱末炒香，加入奶油缩汁，煮至浓稠状淋在鱼片上。

3.把腌好的鱼放入上汽的蒸锅内蒸7分钟左右即可。

好妈妈喂养经

三文鱼鳞小刺少，肉色橙红，肉质细嫩鲜美，它所含有的Ω-3脂肪酸是脑部、视网膜以及神经系统不可缺少的物质。多吃三文鱼可以促进人体对钙的吸收，有助于生长发育，还能预防视力减退等症状。

红烧鲻鱼

材料：

鲻鱼1条，葱、蒜、姜、调料各适量

制作方法：

1.鲻鱼洗净后，在鱼身两侧切斜刀，均匀抹上少许盐。

2.油入锅，待油五成热时，放入鲻鱼煎至两面金黄，下葱、姜、蒜爆香，淋上少许料酒、酱油和糖，稍煎片刻，倒入一大碗开水。

3.用中火炖15分钟左右，至汤汁浓稠即可。

好妈妈喂养经

鲻鱼肉质比较细嫩，味道鲜美，营养丰富，其中蛋白质的含量高达22%。鲻鱼肉味甘性平，具有开胃健脾的效果，消化不良或体质较虚弱的宝宝可以多吃。

BB 鱼松

材料：

鱼肉100克，调料适量

制作方法：

1.将鱼肉洗净，放在锅内蒸熟，去骨刺、去皮，待用。

2.锅置于小火上，加入花生油；把鱼肉放入锅内，边烘边炒，至鱼肉香酥时，加入盐、料酒、白糖，再翻炒几下，即成鱼松。

好妈妈喂养经

自制的鱼松卫生又含有丰富的营养，所含蛋白质易被人体吸收，又含多种磷质，是一种强身、健脑的好食物。宝宝食用，有利于大脑和身体发育。

BB 牡蛎煎蛋

材料：

牡蛎肉100克，鸡蛋2个，葱末、姜末各少许，调料适量

制作方法：

1.牡蛎肉去杂质洗净，放入沸水中焯烫，捞出，沥干水分，切碎。

2.鸡蛋磕入碗内，打散，放入牡蛎肉末、葱末、姜末、盐拌匀。

3.烧油锅，倒入蛋液，煎至两面金黄。

好妈妈喂养经

这道菜酥香鲜嫩，美味可口。鸡蛋中含有蛋白质、脂肪、维生素D、钙、磷等营养成分，能促进宝宝的生长发育。牡蛎的营养也非常丰富，其中锌含量居其他食物之首，是宝宝补锌的好食物。

丝瓜炒虾仁

材料：

丝瓜1条，鲜虾100克，姜、蒜以及调料各适量

制作方法：

1.鲜虾去头去壳留尾，在虾身上划开，挑出泥肠，用料酒、水淀粉腌制10分钟。

2.丝瓜去皮，切块；姜、蒜去皮，切丝，待用。

3.油入锅，虾仁炒至变色后盛入碗中备用。

4.锅中留底油，爆香姜丝、蒜丝后，放入丝瓜块炒至变软，然后放入虾仁和盐一起翻炒至熟即可。

好妈妈喂养经

丝瓜中含有丰富的维生素C、维生素B_1等营养元素，具有清热、化痰、通络等功效。丝瓜和虾仁一起食用，能够补充宝宝身体、大脑日常发育所需的营养元素，还能提高身体免疫力。

宝宝营养益智美食食谱

汤类

宝宝断奶结束后可以继续食用汤类食物，此时汤中可以加入适量调料，但不宜过量，以免增加宝宝肠胃的负担。汤汁中的营养宝宝易吸收消化，是断奶宝宝营养摄入的主要来源之一；汤中的肉和菜营养同样很丰富，也要给宝宝吃。食用汤类食物时，可以给宝宝准备专用汤匙，让他自己用汤匙进食。

番茄蛋花汤

材料：

番茄半个，鸡蛋1个，调料少许

制作方法：

1.番茄洗净，入开水中烫一下，去皮，切块；鸡蛋磕入碗中，打散。

2.烧油锅，放入番茄块翻炒，待番茄出红汁时，加热水烧开。

3.水开后淋入蛋液，滚一会儿后，滴两滴香油，加少许盐调味即可。

好妈妈喂养经

这道汤易于烹饪，营养丰富，色泽鲜艳，能促进宝宝的食欲。此汤中，尤其是番茄里面的番茄红素，对人体十分有益，宝宝食用，不仅可以提高免疫力，还可以促使细胞生长，对宝宝的发育十分有益。

核桃排骨汤

材料：

核桃肉25克，排骨200克，枸杞10克，姜片3克，盐少许

制作方法：

1.核桃肉、排骨、枸杞分别洗净，排骨过水。

2.将全部材料倒入煲中，加适量水，大火煲开后，转小火煲3小时左右。

3.煲好后，加少许盐调味即可。

好妈妈喂养经

此汤对宝宝的大脑发育极为有益。核桃中含有人体不可缺少的微量元素锌、锰、铬等，能促进生长发育。另外，核桃中的营养成分还具有增强细胞活力、促进造血、增强免疫力等功效。

南瓜虾皮汤

材料：

南瓜200克，虾皮25克，葱、姜末各少许，调料适量

制作方法：

1.南瓜去皮，去瓤，切薄片；虾皮浸泡后洗净，沥干水分。

2.烧油锅，下葱、姜末炝锅，再下南瓜片爆炒片刻，加清汤，下虾皮和盐，待南瓜熟烂时，加入鸡精即可。

好妈妈喂养经

南瓜营养价值高，有润肺补益、助长发育的功效；虾皮矿物质数量、种类丰富，尤以钙丰富。这道南瓜虾皮汤瓜甜汤香，味道鲜美，可提高宝宝的食欲，而且营养丰富，宝宝食用能滋补身体，促进生长发育。

美味罗宋汤

材料：

卷心菜1/4棵，土豆、番茄、洋葱各半个，芹菜、胡萝卜各半根，牛肉100克，番茄酱50克，调料少许

制作方法

1.牛肉洗净，切成小块，过水；蔬菜全部洗净，土豆、胡萝卜、番茄去皮切小块，卷心菜切碎，洋葱切小块，芹菜切丁。

2.沙锅内加适量水，倒入牛肉块、洋葱块，大火煮开后，转小火将牛肉煮烂。

3.放入胡萝卜块、土豆块煮烂后再加入芹菜丁、卷心菜碎煮开约10分钟，再放入番茄酱、少许盐调味，最后加番茄略煮即可。

好妈妈喂养经

多吃蔬菜对宝宝的发育非常有益。卷心菜含有丰富的B族维生素，可以有效预防大脑疲劳；芹菜富含多种微量元素，可以预防宝宝体内钙和铁的流失；胡萝卜素可以保护呼吸道免受感染，对宝宝的视力发育也很有好处。

金针菇肉汤

材料：

猪瘦肉、豆腐各50克，金针菇100克，姜末、葱花、调料各少许

制作方法：

1.豆腐洗净，切块；金针菇洗净后，拦腰切段；猪瘦肉洗净，切丝。

2.烧油锅，下姜末爆香后，将肉丝炒散，再下金针段菇略炒，加适量水，煮开后下豆腐块，再开后，加酱油和盐调味，撒上葱花即可。

好妈妈喂养经

金针菇营养价值较高，含有18种氨基酸，糖、脂肪、蛋白质、维生素以及矿物质等，营养元素也较为丰富，对宝宝的身体和大脑发育有良好的作用。

鲈鱼豆苗汤

材料：

鲈鱼200克，豆苗30克，料酒、姜、生粉各适量，盐少许

制作方法：

1.鲈鱼去鳞后，洗净，切片，用姜、料酒、生粉腌一下。

2.烧油锅，将鱼片煎黄，加适量水煮开。

3.待鱼汤呈乳白色时，放入洗净的豆苗，撒入少许盐调味即可。

好妈妈喂养经

鲈鱼中含有丰富的蛋白质、维生素A、B族维生素、钙、镁、锌、硒等营养元素，有补肝肾、益脾胃、化痰止咳的功效。鲈鱼血中还含有较多的铜元素，能维持神经系统的正常功能。

鹌鹑枸杞炖汤

材料：

鹌鹑1只，枸杞10克，红枣10枚，盐少许

制作方法：

1.将鹌鹑洗净，剁去头和爪子，鸟身分成4块，放入清水中浸泡半小时。

2.去除鹌鹑的血水，与枸杞、红枣一同放入炖盅内，加少许盐隔水蒸2个小时即可。

好妈妈喂养经

这道汤汤汁鲜醇，鹌鹑肉肉质酥嫩，具有补脾、益气、养血、明目的功效。鹌鹑肉中含有丰富的蛋白质、脂肪、无机盐等成分，与枸杞、红枣炖汤食用，对贫血、营养不良有较好的治疗效果。

营养鸽蛋汤

材料：

枸杞10克，龙眼肉20克，鸽蛋5~6个，黄精10克，葱、姜各少许，调料适量

制作方法：

1.将枸杞、龙眼肉、黄精用温水洗净，放入锅中加适量清汤煮10分钟，加盐、胡椒粉、葱、姜拌匀，烧开，取出葱、姜备用。

2.鸽蛋用清水煮熟，剥壳，放入备好的汤内，加火烧沸即可。

好妈妈喂养经

这道鸽子蛋汤能滋补强身，提神醒脑，增智补脑，有益于宝宝的大脑发育。鸽子蛋含有大量的优质蛋白以及少量的脂肪、铁、钙、维生素A、维生素D等营养成分，煮成汤食，宝宝更易消化和吸收。

鸡血豆腐汤

材料：

豆腐50克，鸡血15克，熟猪瘦肉20克，胡萝卜、水发木耳各10克，鸡蛋1个，香菜、调料各少许

制作方法：

1.将豆腐和鸡血洗净切成细条；熟猪瘦肉、水发木耳、胡萝卜洗净后切丝；鸡蛋磕入碗中，打散。

2.将所有材料倒入锅中，加适量水，烧开后加料酒、盐调味，淋入蛋液，撒上香菜即可。

好妈妈喂养经

这道汤颜色丰富，清淡适口，能提高宝宝的食欲。鸡血豆腐汤中含有丰富的蛋白质、胡萝卜素、纤维素和铁，不仅能够提高宝宝身体免疫力，还能够预防宝宝缺铁性贫血。

木耳金针瘦肉汤

材料：

黑木耳15克，金针菜20克，猪瘦肉60克，生粉、葱花、调料各适量

制作方法：

1.猪瘦肉洗净，切片，用酱油、生粉拌匀；金针菜洗净，去蒂并浸软；黑木耳浸软，洗净。

2.将黑木耳、金针菜放入锅内，加适量清水，煮沸5分钟后，下猪肉片，煮熟后加少许盐调味，撒入葱花即可。

好妈妈喂养经

这道汤有助于宝宝的大脑发育，能提高宝宝的记忆力，有效促进智力发育。黑木耳富含多种营养素，可以提高免疫力，促进生长发育；金针菜被誉为“健脑菜”，含有多种营养素，有健脑益智的作用。

鲜蔬疙瘩汤

材料：

虾仁10克，鸡蛋1个，番茄半个，火腿、豆腐、青菜、面粉各适量，调料少许

制作方法：

1.将备好的材料洗净，切碎；面粉倒入碗中，边加温水边用筷子搅拌成小颗粒。

2.起油锅，放入虾仁末、豆腐末、火腿末、番茄末翻炒，炒出红色汤汁后加适量水，水开后把面疙瘩一点点拨入锅中，2分钟后打入鸡蛋，用筷子搅散，撒上青菜末，调味即可。

好妈妈喂养经

这道汤浓香诱人，滑润可口，可以激发宝宝的食欲。鸡蛋中的含有的脂类是大脑发育的重要物质；青菜中的维生素是大脑代谢的主要营养物质，食用此汤，有助于宝宝的大脑发育。

栗子排骨汤

材料：

排骨200克，生栗子50克，姜片少许，盐，鸡精各适量

制作方法：

1.将生栗子去皮，洗净；排骨洗净，入沸水锅焯去血污，取出洗净。

2.将排骨、栗子、姜片一同放入煲内，加适量清水，大火煲开后，转用小火煲1小时，调味即可。

好妈妈喂养经

栗子中富含的不饱和脂肪酸、维生素和矿物质，有养胃健脾，补肾强筋，活血止血的功效。排骨中除了含有蛋白质和维生素之外，还含有大量的磷酸钙、骨胶原、骨黏蛋白等，有很好的补钙功效。

南瓜排骨汤

材料：

南瓜100克，猪排骨200克，红枣50克，干贝15克，姜、盐各少许

制作方法：

1.南瓜去皮、去瓤，洗净后切厚块；猪排骨切块，放入开水中焯去血污，取出洗净；红枣洗净，去核；干贝洗净，用清水浸泡1小时左右，备用。

2.煲内加适量水，下备好的材料慢火煲3小时后，加少许盐调味即可。

好妈妈喂养经

此汤有补中益气，强筋健骨的作用。南瓜性温味甘，能补中益气；红枣能补脾和胃，益气生津；排骨能补钙益通髓，有滋阴调燥之功；干贝有补肝肾，温五脏之功。

BB 木瓜花生瘦肉汤

材料：

木瓜50克，花生20克，瘦肉50克，姜2片，盐少许

制作方法：

1.花生洗净，浸泡约1小时；木瓜去皮、去瓤后切块；瘦肉洗净过水，切片。

2.煲内加适量水，下备好的材料，水开后再以文火煲约2小时，加少许盐调味即可。

好妈妈喂养经

木瓜不仅含有丰富的维生素C，还具备抗氧化物质，有抗癌的效果；花生的红衣，能补气补血，所含的谷氨酸和天冬酸是促进脑细胞发育的营养物质，能增强宝宝的记忆力。

BB 蔬菜奶羹

材料：

卷心菜1/5棵，菠菜1棵，牛奶250毫升

制作方法：

1.将准备好的菠菜和卷心菜洗净，切碎。

2.将切碎的菠菜和卷心菜以及准备好的牛奶一起倒入锅中烧煮。

3.待奶烧开后，调小火慢慢搅拌，煮5～10分钟即可。

好妈妈喂养经

如果家中有米粉，可以加少量米粉，煮出来的蔬菜奶羹会更黏稠。牛奶中的磷和维生素B_2，可以促进宝宝大脑和视力的发育。同时，牛奶中富含的其他元素对宝宝的生长发育也有着重要的作用。

附录：

宝宝断奶各阶段常吃食物情况一览表

食物名称	具体事项	断奶准备期（4～6个月）	断奶进行时（7～12个月）	断奶结束期（12～36个月）
大米	食用情况	可食用	可食用	可食用
	注意事项	从米汤、米糊开始	烂粥、烂米饭	稠粥、软米饭
鸡蛋	食用情况	视情况食用	视情况食用	可食用
	注意事项	只食用蛋黄，如果宝宝过敏，可推迟食用	先从1/4个蛋黄吃起，再逐渐加量	宝宝1岁后可食用全蛋
猪瘦肉	食用情况	视情况食用	可食用	可食用
	注意事项	剁成泥，让宝宝熟悉肉的味道	煮熟后碾成肉泥或剁成泥煮粥	可做成肉片、肉丁、肉丸
鱼肉	食用情况	视情况食用	可食用	可食用
	注意事项	如果宝宝过敏要到2周岁后食用	选用新鲜白鱼肉，可剁成肉泥与粥同煮	选用新鲜鱼肉，可煮汤，让宝宝食用鱼肉
鸡肉	食用情况	不可食用	可食用	可食用
	注意事项	鸡肉油较多，宝宝不宜食用	选择肉质细嫩的鸡胸肉、猪肉，做肉泥或肉糜	做成肉丁、肉片或熬汤，注意撇去汤中的浮油
牛肉	食用情况	不可食用	视情况食用	可食用
	注意事项	纤维较粗，宝宝容易消化不良	只取瘦肉，剁成肉末或煮熟后压成泥	可切成肉丁或肉片，让宝宝练习咀嚼

续表

食物名称	具体事项	断奶准备期（4～6个月）	断奶进行时（7～12个月）	断奶结束期（12～36个月）
动物肝脏	食用情况	不可食用	视情况食用	可食用
	注意事项	肝是毒素中转站，做不好，毒素很容易在宝宝体内沉淀	可制成泥状和其他食物混合后给宝宝食用	主要选用猪肝、鸡肝、鸭肝；处理肝脏时最好去掉筋膜
蔬菜	食用情况	视情况食用	可食用	可食用
	注意事项	有刺激性味道的蔬菜除外，如：洋葱	质地较硬的蔬菜如：胡萝卜、藕等要做细	大部分蔬菜都可食用，可将蔬菜切碎炒食、做馅儿等
水果	食用情况	视情况食用	可食用	可食用
	注意事项	有些水果如：葡萄、橘子等不宜在6个月前给宝宝食用	不可食用市场上销售的水果饮料	将水果切成小块，以宝宝可以咀嚼为宜
豆腐	食用情况	视情况食用	可食用	可食用
	注意事项	豆腐中的蛋白质含量丰富，可做泥糊类食物让宝宝尝试	口感软嫩，宝宝易消化吸收，可用多种方法烹调	可使用多种制作方法做给宝宝食用
牛奶	食用情况	视情况食用	视情况食用	可食用
	注意事项	可加其他食材给宝宝制作辅食	如果没有过敏症，宝宝可以继续食用	宝宝1岁前不宜直接饮用鲜牛奶
海带	食用情况	不可食用	视情况食用	可食用
	注意事项	矿物质含量丰富，但宝宝不易消化	可食用未进行调味加工过的海带	可切成段，用多种方式制作
芝麻	食用情况	不可食用	可食用	可食用
	注意事项	易堵塞宝宝呼吸道，引起窒息	宝宝8个月后可以食用	可炒香后，研碎用多种方法制作

图书在版编目（CIP）数据

宝宝最爱吃的268道营养益智断奶餐 / 孙晶丹主编. —沈阳：辽宁科学技术出版社，2011.11
ISBN 978-7-5381-7200-3

Ⅰ.①宝… Ⅱ.①孙… Ⅲ.①婴幼儿-保健-食谱 Ⅳ.①TS972.162

中国版本图书馆CIP数据核字(2011)第215080号

策划制作：深圳市读创文化传播有限公司（0755-29450009）
总 策 划：蒋雪梅

出版发行：辽宁科学技术出版社
（地址：沈阳市和平区十一纬路29号　邮编：110003）
印 刷 者：深圳市新视线印务有限公司
经 销 者：各地新华书店
幅面尺寸：170mm×240mm
印　　张：13
字　　数：100千字
出版时间：2011年11月第1版
印刷时间：2011年11月第1次印刷
责任编辑：卢山秀　众　合
美术编辑：廖　俊
责任校对：合　力

书号：ISBN 978-7-5381-7200-3
定价：28.00元
联系电话：024-23284376
邮购热线：024-23284502
E-mail:lnkjc@126.com
本书网址：www.lnkj.cn/uri.sh/7200